新一代人工智能教育丛书
新工科建设之路·计算机类规划教材

趣味编程挑战
从Python入门到AI应用

孙勇 林菲 编著

电子工业出版社
Publishing House of Electronics Industry
北京·BEIJING

内 容 简 介

本书是趣味编程的入门教材,全书由浅入深、循序渐进地讲授 Python 编程知识、计算机算法基础和人工智能领域的相关应用,以问题为导向培养读者的计算思维能力。本书分为 Python 入门、算法基础和 AI 应用三篇,采用符合初学者认知水平的趣味案例组织内容,引导读者应用计算思维解决身边的问题,带领读者迈进人工智能的奇妙世界。

本书既适合作为高校计算机公共基础课的教材,也适合作为 Python 爱好者的入门教材,同时也可以作为相关科技社团和编程培训机构的参考教材。

未经许可,不得以任何方式复制或抄袭本书之部分或全部内容。
版权所有,侵权必究。

图书在版编目(CIP)数据

趣味编程挑战:从 Python 入门到 AI 应用 / 孙勇,林菲编著 . —北京:电子工业出版社,2020.3
ISBN 978-7-121-36317-7

Ⅰ.①趣… Ⅱ.①孙… ②林… Ⅲ.①程序设计 Ⅳ.① TP311.1

中国版本图书馆 CIP 数据核字(2019)第 290811 号

责任编辑:戴晨辰　　文字编辑:路　越
印　　刷:北京市大天乐投资管理有限公司
装　　订:北京市大天乐投资管理有限公司
出版发行:电子工业出版社
　　　　　北京市海淀区万寿路 173 信箱　　邮编:100036
开　　本:787×1 092　1/16　印张:13.75　字数:308 千字
版　　次:2020 年 3 月第 1 版
印　　次:2020 年 10 月第 2 次印刷
定　　价:69.00 元

凡所购买电子工业出版社图书有缺损问题,请向购买书店调换。若书店售缺,请与本社发行部联系,联系及邮购电话:(010)88254888,88258888。

质量投诉请发邮件至 zlts@phei.com.cn,盗版侵权举报请发邮件至 dbqq@phei.com.cn。
本书咨询联系方式:dcc@phei.com.cn。

五岁时，父亲从北京出差归来，带给我了一个神奇的礼物——九连环，在父亲和使用说明书的协助下，我很快就学会了玩法，自此玩九连环成为我喜爱的一项消遣活动，并痴迷于不断地提高解锁的速度。依稀记得，那段时间双手好像总是沾满了九连环上褪下的颜色。

后来我逐渐发展出来一种能力——在脑海里解九连环，并模拟因果关系链："想要拿下第三个环，就一定要上第二个环……"这是一个严守法则的系统，而其法则又是完全可以理解的，这一发现让我惊喜莫名。

当然，真正明白九连环是怎么回事是在若干年以后了。现在回想，虽然九连环从未出现在我的课堂上，但它一手造就了我对"逻辑"的理解，也很可能就是我在高考时坚定地选择计算机专业的底层原因之一。九连环对我在逻辑方面的教育胜过任何课程：一件事情，如果你能把它融会贯通到自己的思维方式中，那它就会变得异常简单；如果不能，那它就比登天还难。 从这个角度看，为了更好地建立逻辑思维，是不是应该给每个孩子一个九连环？我曾经爱上了九连环，但这不能简化为一个"认知"问题，这只是我在特定环境下的个人经历，不能假想在每个孩子身上以完全一样的形式重复，但九连环所不能完成的，编程也许可以。

编程就是"学习界"里的海神普罗透斯，其本质在于它的普遍性和模拟能力。因为它可以变成很多种形式，实现很多种功能，所以它可以满足很多种需求。

编程不仅能帮助我们学习，还能帮助我们学会怎么学习，能够把学习变得更加人性化，因为它能在学习者和知识海洋之间建立一种更人性化、更紧密的连接。在即将来临的智能社会里，编程绝不仅仅是一个技能，它对我们的心智也必将带来根本和深远的影响。

Python 是一种通用型编程语言，它具有良好的可扩展性和适应性，易于学习，被广泛应用于大数据处理、人工智能、科学运算、金融量化投资等众多领域。无论是客户端、云端，还是物联网终端，都能看到 Python 的身影，可以说，Python 的应用无处不在。特别是在移动互联网和人工智能时代，Python 越来越受到程序员的青睐，成为近年来热度增长最快的编程语言之一。在 TIOBE、RedMonk 等世界编程语言排行榜中，Python 均名列前茅。因此，将 Python 作为编程入门语言是一个非常不错的选择。

本书特色

- 基于 Python 新版本，适合零基础的初学者。
- 采用单元形式编排内容，由浅入深、循序渐进，通过趣味案例激发学生的学习兴趣。

• 以解决问题为导向，注重计算思维的培养，突出编程能力的重要性。同时，讲解编程知识以"够用"为原则，带领初学者避开技术陷阱。

• 教学案例丰富，涉及数学计算、绘画、游戏设计和人工智能应用等，让学生体验编程的乐趣。

• 精心设计课后练习题，让初学者巩固所学知识。

本书内容脉络

本书共分为上、中、下三篇。

上篇是 Python 入门，讲授 Python 程序设计的基础知识。首先从变量、数据类型等基本概念讲起，通过解决"猜数字""计算米粒"等问题，逐步熟悉 Python 开发环境和编程方式；然后结合程序流程图，讲授使用顺序结构、选择结构和循环结构编程的方法，逐步掌握结构化的编程思想；最后讲授利用函数进行模块化设计以及字符串、容器、文件等实用知识点。本篇在教学案例设计上讲究趣味性、知识性和实用性，通过完成一系列的挑战，让初学者感受到编程的用处，从而激发学习编程的兴趣。

中篇是算法基础，使用 Python 讲授基本的算法策略和应用场景。首先从二分查找算法讲起，引入时间复杂度的概念；然后结合具体案例，分别介绍递归算法、排序算法、贪心算法、搜索算法；最后讲授与数学相关的凸包计算和加密算法。本篇为初学者揭开算法的神秘面纱，让其了解常用基本算法的原理和实现方法，同时巩固编程知识。

下篇是 AI 应用，讲授使用各种 Python 库进行数据分析和实现 AI 应用项目。首先学习 numpy、pandas 和 matplotlib 三个库，然后安排了 3 个体验性质的人工智能编程项目，分别是预测房价、泰坦尼克号生还者预测和手写数字识别。本篇通过初学者的亲身应用，消除对人工智能技术的神秘感。

本书全部内容由浙江交通职业技术学院孙勇老师编写，由杭州电子科技大学林菲老师主审。本书是浙江省高等教育教学改革项目"基于CAEI的混合教学模式研究与实践"（编号：jg20160275）的研究成果。在本书的编写过程中，楼惠群、颜慧佳、陈超颖、李祖理、朱志军、杨阳、戚远航等老师提出了不少宝贵意见，在此一并表示感谢！

本书学习建议

本书以解决问题为导向来设计内容，通过趣味案例激发学习者的编程兴趣，带领初学者循序渐进地学习 Python 和人工智能知识，避开编程学习中的各种技术陷阱。有别于其他说明书式的教材，这也是本书的特色所在，更加适合初学者作为入门教材。由于篇幅所限，在本书中使用到的各种 Python 库、函数及其用法等未能进行全面讲解，仅仅介绍了基本用法。作为本书的一个补充，建议 Python 初学者利用好互联网上各种免费的学习网站，遇到不清楚的函数用法、语法规则等问题，可以随时查阅相关内容。

本书配套资源

本书中的程序全部基于 Python 3.7 版本编写，所有示例程序均已调试通过。

读者可以关注微信公众号"矩阵学堂"或登录华信教育资源网（www.hxedu.com.cn）

获取本书的范例程序文件、数据文件、课后习题答案等资源，另外还为有需要的读者提供了 Anaconda 软件安装包。

读者也可以加入 QQ 群（949402464）获取本书资源包，还能和作者及网友在线交流，互相学习和分享经验。

由于编者水平有限，书中难免有不妥之处，还请读者朋友不吝赐教。请读者关注作者公布的微信公众号和 QQ 群，以便及时了解本书的最新勘误信息。

本书适用对象

本书既适合作为高校计算机公共基础课的教材，也适合作为 Python 爱好者的入门教材，同时也可以作为相关科技社团和编程培训机构的参考教材。

作　者
于杭州

目录

上篇　Python 入门

CHALLENGE 00
构建 Anaconda 编程环境 —— 准备工作

0.1　Anaconda 简介 / 2
0.2　安装 Anaconda / 2
0.3　Python 开发环境 / 4
0.4　小结 / 5

CHALLENGE 01
猜数字 —— 布尔值与智能

1.1　挑战描述 / 6
1.2　解题思路 / 6
1.3　编程实现 / 7
1.4　布尔值 / 9
1.5　关系运算符 / 10
1.6　逻辑运算符 / 10
1.7　程序的智能 / 11
1.8　小结 / 12
1.9　巩固练习 / 12

CHALLENGE 02
国王与米粒 —— 值与运算

2.1　挑战描述 / 13
2.2　解题思路 / 13
2.3　编程实现 / 14
2.4　值 / 15
2.5　运算符 / 17

2.6　小结 / 18
2.7　巩固练习 / 18

CHALLENGE 03
Fizz Buzz 游戏 —— 流程控制

3.1　挑战描述 / 20
3.2　解题思路 / 20
3.3　编程实现 / 21
3.4　流程控制 / 22
3.5　if 语句 / 22
3.6　for 语句 / 24
3.7　流程走向的控制 / 24
3.8　while 语句 / 25
3.9　小结 / 27
3.10　巩固练习 / 27

CHALLENGE 04
绘制旗子 —— 函数

4.1　挑战描述 / 29
4.2　解题思路 / 29
4.3　编程实现 / 31
4.4　函数 / 32
4.5　变量的作用域 / 34
4.6　小结 / 35
4.7　巩固练习 / 35

CHALLENGE 05
破译密文 —— 字符串

5.1　挑战描述 / 37

5.2 解题思路 / 38
5.3 编程实现 / 39
5.4 字符串 / 40
5.5 转义字符 / 42
5.6 小结 / 44
5.7 巩固练习 / 44

CHALLENGE 06
画家的礼物 —— 容器

6.1 挑战描述 / 46
6.2 解题思路 / 46
6.3 编程实现 / 47
6.4 数据容器 / 49
6.5 列表 / 50
6.6 元组 / 52
6.7 集合 / 53
6.8 字典 / 53
6.9 小结 / 54
6.10 巩固练习 / 55

CHALLENGE 07
统计首字母频率 —— 文件

7.1 挑战描述 / 56
7.2 解题思路 / 56
7.3 编程实现 / 56
7.4 文件 / 57
7.5 小结 / 59
7.6 巩固练习 / 60

中篇 算法基础

CHALLENGE 08
查找单词 —— 二分查找算法与时间复杂度

8.1 挑战描述 / 62

8.2 解题思路 / 62
8.3 编程实现 / 63
8.4 程序的性能 / 66
8.5 大 O 表示法 / 67
8.6 小结 / 68
8.7 巩固练习 / 69

CHALLENGE 09
汉诺塔问题 —— 递归与合并排序

9.1 挑战描述 / 70
9.2 解题思路 / 70
9.3 编程实现 / 71
9.4 递归 / 72
9.5 合并排序 / 73
9.6 小结 / 75
9.7 巩固练习 / 76

CHALLENGE 10
App 用户评价分析 —— 快速排序

10.1 挑战描述 / 77
10.2 解题思路 / 77
10.3 编程实现 / 78
10.4 分而治之策略 / 79
10.5 基准值的选择 / 80
10.6 合并排序和快速排序的对比 / 81
10.7 小结 / 82
10.8 巩固练习 / 82

CHALLENGE 11
小明与宝藏 —— 贪心算法

11.1 挑战描述 / 84
11.2 解题思路 / 84
11.3 编程实现 / 86
11.4 贪心算法 / 87
11.5 背包问题 / 88

目录

11.6 小结 / 90
11.7 巩固练习 / 90

CHALLENGE 12
闯迷宫 —— 深度优先搜索

12.1 挑战描述 / 91
12.2 解题思路 / 91
12.3 编程实现 / 92
12.4 深度优先搜索 / 95
12.5 回溯 / 98
12.6 小结 / 99
12.7 巩固练习 / 99

CHALLENGE 13
海上营救 —— 广度优先搜索与队列

13.1 挑战描述 / 101
13.2 队列 / 101
13.3 解题思路 / 102
13.4 编程实现 / 103
13.5 广度优先搜索 / 105
13.6 深度优先搜索与广度优先搜索的对比 / 106
13.7 小结 / 107
13.8 巩固练习 / 108

CHALLENGE 14
牧场围栏 —— 凸包

14.1 挑战描述 / 109
14.2 解题思路 / 109
14.3 编程实现 / 111
14.4 小结 / 115
14.5 巩固练习 / 115

CHALLENGE 15
传递情报 —— 加密算法

15.1 挑战描述 / 116

15.2 解题思路 / 117
15.3 编程实现 / 118
15.4 小结 / 122
15.5 巩固练习 / 122

下篇 AI 应用

CHALLENGE 16
制作城市经济热力图 —— 数据处理与 numpy 库

16.1 挑战描述 / 124
16.2 解题思路 / 124
16.3 编程实现 / 125
16.4 数据处理 / 126
16.5 numpy 库 / 128
16.6 小结 / 133
16.7 巩固练习 / 134

CHALLENGE 17
分析 IMDb 电影数据 —— pandas 库

17.1 挑战描述 / 135
17.2 解题思路 / 135
17.3 编程实现 / 137
17.4 pandas 库 / 141
17.5 小结 / 151
17.6 巩固练习 / 151

CHALLENGE 18
安斯库姆四重奏 —— matplotlib 库

18.1 挑战描述 / 152
18.2 解题思路 / 153
18.3 编程实现 / 153
18.4 matplotlib 库 / 156
18.5 小结 / 166
18.6 巩固练习 / 167

CHALLENGE 19
预测房价 —— 机器学习与 sklearn 库

19.1 挑战描述 / 168

19.2 解题思路 / 168

19.3 编程实现 / 169

19.4 机器学习 / 170

19.5 sklearn 库 / 173

19.6 小结 / 179

19.7 巩固练习 / 180

CHALLENGE 20
泰坦尼克号生还者预测

20.1 挑战描述 / 181

20.2 编程实现 / 182

20.3 小结 / 199

CHALLENGE 21
手写数字识别

21.1 挑战描述 / 200

21.2 编程实现 / 201

21.3 小结 / 210

上 篇
Python 入门

构建 Anaconda 编程环境 —— 准备工作

0.1 Anaconda 简介

在实际 Python 编程开发中，程序员并不仅仅使用 Python 官方的编程命令来写代码，而是需要使用到大量的第三方工具。但其不会亲手去写每个功能，否则会有成千上万的程序员反反复复写着具有同样功能的代码，造成极大的人力资源浪费。

程序员可以把自己曾经写好的一段代码重新拿来在新的编程项目里面使用，就好像把一张照片复制一份放到新的相册一样。同样，程序员也会把自己写好的一段段代码贡献出来，与他人互相分享，互相借鉴，如此一来，编程开发就好像是利用各种代码片段来搭积木，这就是模块化。全世界的开发者已经为 Python 开发了数以万计的模块，实现了千变万化的功能，程序员可以把这些模块自由组合成各种软件和程序。

那么问题也随之而来：如何安装别人编写的模块？安装后怎么卸载？怎么更新已经用到的模块？如果张三开发的 A 模块里面又使用了李四开发的 B 模块，该如何处理？这时程序员就需要一个模块管理工具，像苹果手机的 App store 那样来管理各种各样的模块。

"工欲善其事，必先利其器"。Anaconda 就是目前最方便的 Python 模块管理工具和集成式开发平台，搭载了很多常用的软件包，除 Python 之外，还包括 Conda、Jupyter、Pandoc、NumPy、SciPy、Matplotlib 等常用工具。一旦安装了 Anaconda，便不再需要去考虑环境配置、工具包依赖等琐事，只要下载安装对应操作系统以及 Python 解释器版本的程序包，便可以一次性获得 300 多种用于科学和工程计算相关任务的 Python 工具包的支持，所以 Anaconda 也被称为 "Python 全家桶"。本书涉及的工具包仅仅是其冰山一角，感兴趣的读者可以去其官网深入阅读，地址为 https://www.anaconda.com。

0.2 安装 Anaconda

从现在开始，请读者准备一台安装了 Windows 或 Mac OS 操作系统的个人计算机。本节将从零开始，向读者介绍如何在这两个主流操作系统上，安装并配置 Anaconda。

这里需要提前向读者声明：Python 编程语言当前有两个主流版本，分别是 Python 2.×与 Python 3.×。因为一些 "历史遗留" 问题，使得这两个版本不仅无法相互兼容，而且就连一些语法都不一致。所以，建议读者在学习 Python 时，姑且把其视为两种不同的编程语言。本书中所有编写的示例代码都可以流畅运行于 Mac OS 的 Python 3.7 平台。

Python 2.× 与 Python 3.× 不兼容的历史原因错综复杂，感兴趣的读者可以阅读 Python 核心开发团队成员 Brett Cannon 的博客，地址为 https://snarky.ca/why-python-3-exists/。

1. Windows

❶ 从 https://www.anaconda.com/distribution/#windows 中下载相应 Python 版本的 Windows 版安装包。因为有数百个模块打包在一起，所以文件比较大，请慢慢等待。

❷ 双击下载好的安装包，并根据安装向导的提示逐步进行。注意：在指定的安装路径中，不要包含任何空格或中文字符，如图 0-1 所示。

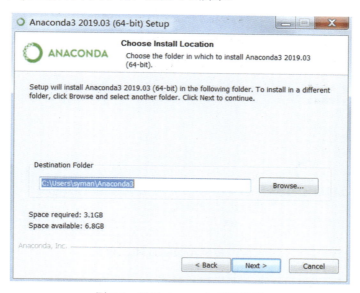

图 0-1　设置 Anaconda 安装路径

❸ 安装完成后，打开命令行工具 Anaconda Prompt，输入 conda info 命令并按回车键，如果得到类似如图 0-2 所示的界面，就说明安装成功了。

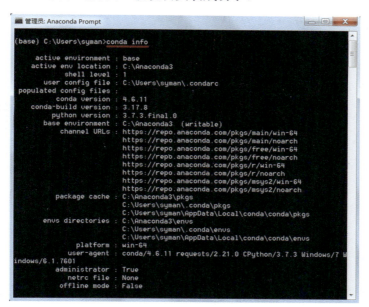

图 0-2　安装成功界面

2. Mac OS

❶ 从 https://www.anaconda.com/distribution/#macos 中下载相应 Python 版本的 Mac OS 安装包。

❷ 双击下载好的安装包，并根据安装向导的提示逐步进行，如图 0-3 所示。

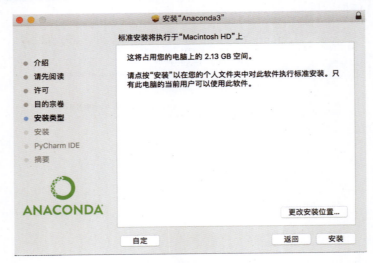

图 0-3　安装 Anaconda Mac OS 版

❸ 安装完成后，在 Launchpad 中找到并打开 Anaconda Navigator，如果可以正常打开，就说明安装成功了。Anaconda Navigator 的主界面如图 0-4 所示。

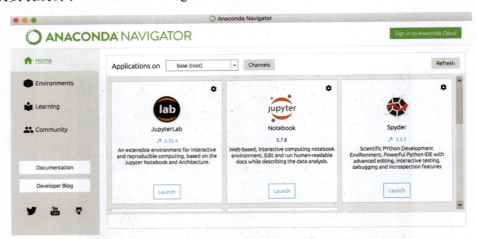

图 0-4　Anaconda Navigator 主界面

0.3　Python 开发环境

在准备编写和运行 Python 源代码之前，除了可以在 Windows 或 Mac OS 的命令行控制台中通过输入 Python 命令调用最为基本的解释器环境，还可以使用很多功能更加丰富和强大的集成开发环境（Integrated Development Environment，IDE）。这些免费或商用的软件主要是为了服务于专业的编程人员，协作开发大中型应用程序。

本书的程序和代码全部使用 JupyterLab 这款 IDE 编写。JupyterLab 是一款基于浏览器的笔记本风格的解释器环境，它允许用户创建和共享包含实时代码、公式、可视化和叙述性文本的文档，用途包括数据清洗和转换、数值模拟、统计建模、数据可视化、机器学习等。如图 0-5 所示，在安装 Anaconda 的同时，JupyterLab 就会自动附带。

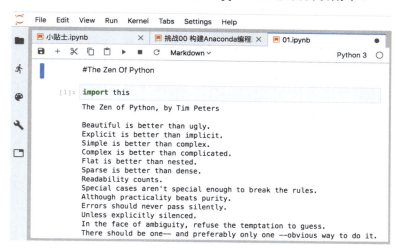

图 0-5　JupyterLab 主界面

Jupyter Notebook 源于 Ipython Notebook，是使用 Python（也有支持 R、Julia、Node 等其他语言的内核）进行代码演示、数据分析、可视化、教学的很好的工具，对 Python 的愈加流行和其在人工智能领域的领导地位有很大的推动作用。JupyterLab 是 Jupyter Notebook 的升级版本，提供了更好的用户体验。例如，可以同时在一个浏览器页面打开并编辑多个 Notebook，支持预览和编辑更多种类的文件，包含代码文件、Markdown 文档、JSON、yml、csv 和各种格式的图片，还可以使用 JupyterLab 连接 Google Drive 等云存储服务，极大地提升了编码生产力。本书的在线版本也是使用 JupyterLab 编写完成的。

小贴士

如果用一句话概括，读者可以把 JupyterLab 理解为支持交互式代码执行、可灵活扩展与分享的在线笔记本。更多关于 JupyterLab 的介绍，请参见 https://jupyterlab.readthedocs.io/en/latest/。

0.4　小结

作为全书的起始章节，作者向各位读者简要介绍了学习、实践、开发 Python 程序和 AI 应用所需要的工具集：

- Python 开发全家桶 Anaconda；
- 可交互的在线笔记本 JupyterLab。

以上工具组合的灵活使用，可以极大地降低初学者的学习门槛，并为后续学习打下坚实基础。期待大家能够在这些工具的帮助下，展开一段有所收获的编程探索之旅。

CHALLENGE 01 猜数字 —— 布尔值与智能

1.1 挑战描述

程序自动生成一个 100 以内（含 100）的随机自然数，然后提示用户输入一个数字，系统进行判断，如果正确，就告知用户"猜对了"，并结束游戏；如果不正确，就告知用户其输入的数字比实际数字大还是小，并提示用户继续输入。用户猜出数字之后，系统会告知用户本次猜数字的总共次数。如果用户输入 0，则中止游戏。

1.2 解题思路

由于本书采用的是问题导向、实践驱动的写作思路和叙述结构，所以在每个挑战中，不可避免地会提前使用到一些在后续章节里才会讲解的知识点。借用一下计算机科学中的一个概念，作者把这种情况称之为"前置引用"。

在几乎所有的编程语言中，对于语法元素的使用，一般都会有"先声明，再使用"的要求。直接使用未声明的元素是被禁止的。Python 同样如此，例如，如果直接调用一个从未（定义）赋值过的变量，系统就会报错。可是学习、工作、生活，都不是编程语言，它们不会去管一个概念是否定义清晰，直接拿来就用的情况比比皆是。

掌握编程的门槛之所以相对较高，是因为它的知识点结构是非线性的。在大多数学科的教材中，每个章节涉及的知识点都是线性关联的。第一章学好了，就有基础学第二章，第二章的概念不会出现在第一章之中。但编程涉及的知识点没有办法这样组织，因为会存在大量的"前置引用"。那么，学习者该如何从容应对含有"前置引用"的知识呢？有没有一套行之有效的应对策略呢？

大多数难以掌握的技能都有"前置引用"过多这个特点，人们通常用"学习曲线陡峭"来形容这类知识。作者认为，对于充满了"前置引用"的信息密度极高的知识结构，读者需要做好多次重复学习的准备，就像有时候你需要多观看几遍，才能彻底看懂一部好电影一样。"书读百遍，其义自见"，道理就在这里。在这种情况下，"囫囵吞枣"就不是一个贬义词了，尤其是在第一遍遇到"前置引用"时，不妨先"囫囵吞枣"，建立起大的框架即可，等到后面正式学习过了"前置引用"的知识后，再回过头来，把"囫囵吞枣"的框架校正调优，如此坚持，相信必会学有所成。

回到本次挑战中来，根据挑战描述可知，该挑战的核心任务是请用户不断地猜测计算机随机生成的自然数，直到猜对或用户输入 0 为止，并统计用户猜数字的次数。在编写程序之前，先来分析并确定解决问题的算法。所谓算法（Algorithm），指的是解决问题的方法和步骤。使用自然语言描述猜数字的算法，其步骤如下。

❶ 计算机生成一个 100 以内的随机数，并将猜数字计数器置为 1。

❷ 请用户输入一个非负整数，如果输入 0，则结束程序，否则进入第③步。
❸ 判断用户输入的数字是否为计算机生成的随机数，如果正确，则输出结果并结束，否则将计数器加 1，然后回到第②步。

除了使用文字描述算法，如果想要更加直观地描述上述算法，还可以使用流程图来描述，见图 1-1。这个流程图展示了通过判断用户输入的数字来进行不同的处理流程。两个菱形框内是对用户输入的判断条件，并根据判断结果来选择相应的分支继续执行。

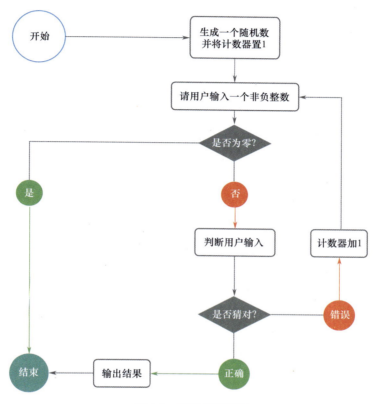

图 1-1　猜数字流程图

> **小贴士**　设计算法是编程的核心。为了表示一个算法，可以用不同的方法。常用的有自然语言、流程图、伪代码、PAD 图等。这其中以特定的图形符号加上说明，表示算法的图，称为算法流程图。流程图用一些框来表示各种类型的操作，在框内写出各个步骤，然后用带箭头的线把它们连接起来，以表示执行的先后顺序。用图形表示算法，直观形象，易于理解。对流程图感兴趣的读者可以继续深入阅读 Creately 上的博客教程，地址为 https://creately.com/blog/diagrams/flowchart-guide-flowchart-tutorial/。

1.3　编程实现

在上面的算法分析中，使用了自然语言和流程图，分别描述了猜数字的解题思路和算法，接下来使用 Python 来编程实现。在实现的过程中，会使用到一些"前置引用"，读者可以按照上文中的方法处理。请读者在 Anaconda 环境中，启动 JupyterLab 工具，新建一个 Notebook，并将文件名设置为"猜数字.ipynb"，然后保存，接下来开始编写 Python 代码。

❶ 使用 Python 中的随机数模块 random 随机生成一个 100 以内的自然数。Python 代码如下，其中 # 开头的文字是注释，注释是对一段代码的解释和说明，可提高程序代码的可读性，让读者能够更加轻松地了解代码的含义，注释不会被计算机执行。

代码如下：

```python
import random  # 引入随机数模块
guess_cnt = 1  # 定义计数器，初始化为1，= 是赋值符号，它的作用是将其右边的值保存到左边的变量中
number = random.randrange(1, 101)  # 设置随机数范围为 [1, 101)
number  # 输出计算机生成的随机数
```

❷ 循环重复接收用户输入的数字，如果是 0，则停止程序（循环）。

代码如下：

```python
running = True;  # 决定循环是否执行的布尔型变量
while running:  # while 循环语句
    guess = int(input("请输入一个非负整数："))  # 将用户的输入转换并保存在整型变量里
    if (guess == 0):  # 判断用户输入的数字是否为零
        running = False  # 结束循环
running  # 输出循环运行标记
```

❸ 判断用户输入的数字是否为计算机生成的随机数，如果正确，则输出结果并结束，否则将计数器加 1 后继续循环执行。

代码如下：

```python
if (guess == number):
    print ("恭喜您，猜对了！共猜了" + str(guess_cnt) + "次。")
    running = False
else:
    guess_cnt += 1  # 将计数器加 1
```

"猜数字"挑战的完整程序代码如下，其中 ''' 之间为多行文字的注释。将源代码编写妥当并保存，然后运行程序，根据提示进行测试，看看程序是不是按照预期执行的。

```python
'''
作者：Syman
名称："猜数字"示例程序
'''
import random  # 引入随机数模块
guess_cnt = 1  # 计数器
```

```python
number = random.randrange(1, 101) # 设置随机数范围为 [1, 101]
number # 输出计算机生成的随机数
running = True; # 决定循环是否执行的布尔型变量
while running: # while 循环语句
    guess = int(input("请输入一个非负整数：")) # 将用户的输入转换并保存在整型变量里
    if (guess == 0): # 判断用户输入的数字是否为零
        running = False # 结束循环
    if (guess == number):
        print ("恭喜您，猜对了！共猜了" + str(guess_cnt) + "次。")
        running = False
    else:
        guess_cnt += 1 # 将计数器加 1
```

1.4 布尔值

先来认识一位19世纪最重要的数学家之一：乔治·布尔。乔治·布尔于1815年11月2日生于英格兰的林肯，是皮匠的儿子，由于家境贫寒，布尔不得不在协助养家的同时为自己能受教育而奋斗。1847年，32岁的布尔出版了《逻辑的数学分析》，这是他对符号逻辑诸多贡献中的第一次，这本书很短，只有86页，但最终成为了人类的瑰宝。在书中，布尔很好地解释了如何使用代数形式表达逻辑思想。1849年，他被任命位于爱尔兰科克的皇后学院担任数学教授。1854年，他出版了《思维规律的研究》，在这本书中布尔介绍了现在以他的名字命名的布尔代数。布尔于1864年因肺炎去世。布尔在世的时候，人们并未对他的布尔代数产生什么兴趣。

图1-2　1864年的乔治·布尔

直到70年后，克劳德·香农发表那篇著名论文 *A SYMBOLIC ANALYSIS OF RELAY AND SWITCHING CIRCUITS* 之后，布尔代数才开始被大规模应用到实处。

在Python中，布尔值（Boolean Value）用True和False（首字母大写）来表示。任何一个逻辑表达式（用逻辑运算符将关系表达式或逻辑量连接起来的有意义的式子）都会返回一个布尔值。例如，对于逻辑表达式，用自然语言描述就是"1等于2吗？"，它的布尔值显然就是False；对于逻辑表达式，用自然语言描述就是"1不等于2吗？"，它的布尔值是True。

在上面的"猜数字"挑战的编程实现中，有两处关键点均需要计算出正确的布尔值：判断用户输入是否为0和判断用户是否猜中，然后根据计算结果是True还是False，再执行相应的操作。

布尔值经常通过关系运算符和逻辑运算符的组合使用计算出来。关系运算符是 <、<=、>、>=、==、!=，逻辑运算符则包含 and、or、not。

小贴士：请小心区分大小写。因为 Python 解释器是对大小写敏感的，对它来说，True 和 true 不是一回事。同时，自然语言中的"等于"，在 Python 中，使用的符号是 ==，而不是单个等号。单个等号有其他用处。

1.5 关系运算符

使用关系运算符最重要的前提是操作数之间必须可以比较大小。例如，把一个字符串和一个数字进行大小比较就是毫无意义的，Python 也不支持这样的运算。Python 的关系运算符如表 1-1 所示。

表 1-1 Python 的关系运算符

比较操作符	意义	示例	布尔值
==	等于	1 == 2	False
!=	不等于	1 != 2	True
>	大于	1 > 2	False
>=	大于等于	1 >= 1	True
<	小于	1 < 2	True
<=	小于等于	1 <= 2	True
in	属于	'a' in 'Syman'	True

除了等于、大于、小于，Python 还有一个常用运算符 in，对于表达式 'a' in 'Syman'，用自然语言描述就是：'a' 存在于 'Syman' 这个字符串之中吗？表示从属关系。

1.6 逻辑运算符

逻辑运算符 and、or、not（全小写）常用来连接逻辑表达式以构成更加复杂的逻辑表达式，并且 and 和 or 均具有惰性求值（也叫逻辑短路）的特点，即当连接多个表达式时只计算必须要计算的值。在编写复杂逻辑表达式时可以充分利用这个特点，合理安排不同条件的先后顺序，在一定程度上可以提高代码的运行速度。各种逻辑运算组合及结果如图 1-3 所示。

and	True	False	or	True	False	not	True	False
True	True	False	True	True	True		False	True
False	False	False	False	True	False			

图 1-3 各种逻辑运算组合及结果

逻辑运算代码实例及运行结果如下。

代码如下：

```python
print('(True and False) 结果是：', True and False)
print('(True and True) 结果是：', True and True)
print('(False and True) 结果是：', False and True)
print('(True or False) 结果是：', True or False)
print('(False or True) 结果是：', False or True)
print('(False or False) 结果是：', False or False)
print('(not True) 结果是：', not True)
print('(not False) 结果是：', not False)
```

运行结果为：

```
(True and False) 结果是：False
(True and True) 结果是：True
(False and True) 结果是：False
(True or False) 结果是：True
(False or True) 结果是：True
(False or False) 结果是：False
(not True) 结果是：False
(not False) 结果是：True
```

1.7 程序的智能

计算机程序（Computer Program）是一组计算机能识别和执行的指令，运行于计算机上，满足人们某种需求的信息化工具。它以某些程序设计语言编写，运行于某种目标结构体系上。打个比方，程序就如同以英语（程序设计语言）写作的文章，要让一个懂得英语的人（编译器）同时也会阅读这篇文章的人（结构体系）来阅读、理解、标记这篇文章。一般来说，以英语文本为基础的计算机程序要经过编译、链接才能成为人难以解读，但可轻易被计算机所解读的数字格式，然后启动运行。

从定义上来看，程序一点都不神秘，它是按照一定顺序完成任务的流程。做个类比，厨师做一盘蛋炒饭也是基于菜谱完成了一个程序。只不过菜谱这种程序，编写者是人，执行者还是人；而计算机程序，编写者是人，执行者是计算机。同时，菜谱是用自然语言编写的，计算机程序则是程序员用编程语言编写的。

再进一步思考，计算机程序与其他程序最重要的差异就在于计算机能做逻辑运算。一旦程序代码编写好后，计算机在执行的过程中，除了可以按顺序执行，还可以根据不同情况执行不同的任务。计算器和计算机都是电子设备，但计算机更加强大的原因，用通俗的说法就是它的"可编程"。而所谓可编程的核心要素就是逻辑运算及其相应的流程控制，也正是因为这些特点，才使得计算机实现某些"智能属性"成为可能。

1.8 小结

本次挑战中，作者通过"猜数字"问题，希望各位读者能够掌握布尔值的概念、作用及其计算方法，具体包括：
- 布尔代数；
- 关系运算符；
- 逻辑运算符；
- 基于逻辑运算的程序智能。

1.9 巩固练习

程序里的注释是非常重要的。它们可以用自然语言告诉某段代码的功能是什么。想要临时移除一段代码时，还可以用注释的方式禁用这段代码。本次练习将让你学会如何使用注释，并复习逻辑运算。阅读如下 Python 代码，写出运行结果。

代码如下：

```python
# 这是一行注释，# 后面的内容都将会被计算机忽略。
print("在 Python 中，布尔值有两个：") # 打印出双引号中的文字
print(1977<2019 and 16>=4)
print(1949<70 or 1>10)
# print("这行代码不会被执行。")
```

请读者先独立思考上面程序的运行结果，然后再照着录入代码，修正自己的错误，观察程序的运行结果是不是自己所想的，最后可以尝试注释某几行代码，看看运行结果有什么变化。

CHALLENGE 02 国王与米粒 —— 值与运算

2.1 挑战描述

在印度有一个古老的传说：舍罕王打算奖赏国际象棋的发明人 —— 宰相西萨·班·达依尔。国王问他想要什么，他对国王说："陛下，请您在这张棋盘的第 1 个格子摆放 1 粒米，在第 2 个格子摆放 2 粒米，第 3 个格子摆放 4 粒米，以后每个格子都比前一个格子加一倍。请您按照这样摆满，把棋盘上所有的 64 格的米粒，都赏给您的仆人吧！"

国王笑了，认为宰相太小家子气，但等他知道结果后就笑不出声了。那么，宰相要求得到的米粒到底有多少呢？

2.2 解题思路

"国王与米粒"挑战问题本身并不难，只要能够求出棋盘上每个格子里需要摆放的米粒数，然后将全部格子里的米粒数做一个累加求和即可。设格子的编号为 no（$1 \leq no \leq 64$），第 no 个格子里米粒数为 cnt，使用自然语言描述计算米粒的算法，其步骤如下。

❶ 定义两个整型变量：sum 记录结果、no 保存当前处理的格子编号。
❷ 根据变量 no 的值，判断是否 64 个格子都已经处理完毕。如果处理完毕，则转至第⑤步。
❸ 计算出当前处理格子需要摆放的米粒数 cnt，并将 cnt 累加到最终结果 sum 上。
❹ 将 no 的值增加 1 以处理下一个格子，然后转至第②步。
❺ 输出结果，程序运行结束。
算法流程图如图 2-1 所示。

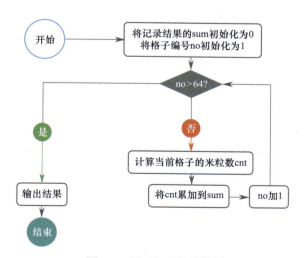

图 2-1 国王与米粒流程图

2.3 编程实现

请读者在 Anaconda 环境中，启动 JupyterLab 工具，新建一个 Notebook，并将文件名设置为"国王与米粒.ipynb"，然后保存，接下来开始编写 Python 代码。

❶ 首先定义变量 sum，并为其赋初始值 0。= 是赋值符号，它的作用是将其右边的值保存到左边的变量中。

代码如下：

```python
sum = 0 # sum 变量记录结果
```

❷ 通过 for 循环语句（先不用管 for 语句的工作原理），依次计算每个格子里的米粒数，并累加到变量 sum 中。+= 和 ** 都是运算符（Operator），用来对其左、右的值进行相应的运算而后得到一个值，+= 为累加运算，将运算符右边表达式的值累加到左边变量上；** 为幂运算，即计算 2^{no-1}。

代码如下：

```python
for no in range(1, 65): # no 从 1 递增到 64，依次循环处理
    sum += 2 ** (no-1)
sum
```

❸ 打印结果。

代码如下：

```python
print(sum)
```

"国王与米粒"挑战的示例代码及运行结果如下。

代码如下：

```python
'''
作者：Syman
名称："国王与米粒"示例程序
'''
sum = 0
for no in range(1, 65):
    sum += 2 ** (no-1)
print(sum)
```

运行结果为：

```
18446744073709551615
```

从以上程序的运行结果可知，这个结果是一个天文数字。这个数字有些抽象，可以做一下换算，据粮食部门测算，1 千克大米约有米粒 4 万个，换算成标准吨后，约等于 4611

亿吨。而我国 2018 年全国粮食产量约为 6.6 亿吨（国家统计局数据），考虑到目前中国的粮食产量已是历史上的最高记录，如果就按照 2018 年的数据计算，可以推算出，宰相要求国王赏赐的米粒，至少相当于中国 698 年的粮食总产量。

> **小贴士** 熟悉 C/C++ 或 Java 等编程语言的读者会知道，这些语言中的整型变量是有大小范围的，如果将上述代码由 C 语言改写，由于计算结果超出了数据类型范围，显示出的将会是一串奇怪的数字，这种现象称之为"溢出"。而在 Python 3.× 中，多大的整型数据都是不会溢出的，这也是 Python 吸引科研人员的原因之一——它非常适合于大数据运算。

2.4 值

1. 常量和变量

值是程序的基础组成单元，它就好像盖楼房用的砖块一样，无论什么样的楼房，到最后都主要是由砖块构成。在程序中，被运算的值可以分为常量（Literal）和变量（Variable）。在"国王与米粒"程序中，sum、no 是变量，1、65、2 是常量。常量的英文单词 Literal 的中文含义是"字面的"，顾名思义，常量的值就是其字面上的值，所以常量 1 的值就是 1。no 是变量，顾名思义，它的值就是可变的。例如，在"国王与米粒"程序的 for 语句中，变量 no 的值发生了 64 次改变：从 1 到 64，而变量 sum 的值也随着变量 no 的变化而发生了相应的改变。

2. 标识符

标识符是用来标识某个实体的符号，它在不同的应用环境下有不同的含义。在日常生活中，标识符是某个东西或人的名字；在数学方程中，常用到的变量名或函数名也是标识符；在编程语言中，标识符是程序员编程时使用的名字，常量、变量、函数、语句块都可以有自己的名字，这些名字统称为标识符。标识符由字母、数字和下画线组成，且不能以数字开头。在"国王与米粒"程序中，sum 和 no 就是两个标识符，作为相应两个变量的名字。

在定义标识符时，除了需要满足上述基本要求，还应尽量使用有实际含义的单词或单词组，以便阅读。同时，Python 中有一些具有特殊功能的标识符——关键字。关键字是 Python 已经使用了的，所以不允许程序员定义与关键字相同的标识符，例如，for 是一个关键字，所以不能当标识符。在 JupyterLab 代码环境中调用 help( ) 函数，然后输入 keywords 命令，就可以显示出 Python 全部的关键字。

3. 值的类型

在各种主流的编程语言中，基本都会支持以下三种基本数据类型，不同类型的数据对应着不同类型的值。

布尔型（Boolean Value）：True 或 False。
数字型（Number）：整数、浮点数、复数。
字符串型（String）：以 '' 或 "" 括起来的符号或数值的一个连续序列，通常以串的整体作为操作对象。

运算的一个默认法则是：相同类型的值才能相互运算。显然，数字与数字之间的运算是合理的，但如果用 + 这个运算符对一个字符串和一个数字进行运算就会出错，例如，下面的代码在运行时就会出错。

代码如下：

```
birthYear = 1977
print("Syman" + birthYear) # 这行代码会报出如下错误
```

运行结果为：

```
-------------------------------------------------------------------------
TypeError                                 Traceback (most recent call last)
<ipython-input-19-e61e4223c6b7> in <module>()
      1 birthYear = 1977
----> 2 print("Syman" + birthYear) # 这行代码会报出如下错误

TypeError: can only concatenate str (not "int") to str
```

所以在不得不对不同类型的值进行运算之前，需要先做好类型转换（Type Casting），部分类型转换函数如下。

将字符串转换为数字用 int( )、float( )。
将数字转换成字符串用 str( )。
将整数转换成浮点数用 float( )。
将浮点数转换成整数用 int( )。

如果希望查看某个值属于什么类型，可以使用 Python 函数 type( )，示例代码及运行结果如下。

代码如下：

```
type(3) # 整数
type(3.0) # 浮点数
type("3.14") # 字符串
type(True) # 布尔型
type([1, 2, 3]) # 列表
type((1, 2, 3)) # 元组
type({1, 2, 3}) # 集合
type({'a':1, 'b':2, 'c':3}) # 字典
```

运行结果为：

```
int
float
str
bool
list
tuple
set
dict
```

2.5 运算符

关系运算符和逻辑运算符在挑战 1 中已做过介绍,本节重点介绍 Python 中另外两种常用的运算符:数值运算符和字符串运算符。

1. 数值运算符

Python 中针对数值的运算符有加、减、乘、除、商、余、幂(+、-、*、/、//、%、**)。其中,+ 和 - 可以对单个值进行操作,例如,-3 表示负三。其他的运算符需要有两个值才能操作。与其他编程语言不同,在 Python 中即使两个操作对象是整数,使用 / 仍会得到浮点型的结果,如果希望得到的是一个整数商(截去余数),则需要使用运算符 //,读者可以在 JupyterLab 中试一试。从优先级来看,这些运算符中:
- 对两个值进行操作的 +、- 的优先级最低;
- 稍高的是 *、/、//、%;
- 更高的是对单个值进行操作的 +、-;
- 优先级最高的是 **。

完整的运算符优先级列表,参见官方文档,地址为 https://docs.python.org/3/reference/expressions.html#operator-precedence。

2. 字符串运算符

Python 中针对字符串,有如下三种操作。
拼接:+ 和 ''。
复制:*。
逻辑运算:in、not in 以及 <、<=、>、>=、!=、==。
字符串运算示例代码及运行结果如下。
代码如下:

```
"Hello" + "World"  # 字符串连接运算示例
'Hello' 'World'  # 字符串连接运算示例
"Hello, " + "World!" * 3  # 字符串复制运算示例
'o' in 'Hello' and 'o' not in 'World'  # 字符串逻辑运算示例
```

运行结果为：

```
'HelloWorld'
'HelloWorld'
'Hello, World!World!World!'
False
```

字符串之间除了能进行 == 和 != ，也可以执行逻辑运算符 < 、<= 、> 、>= 。这是因为字符串中的每个字符均对应着一个 Unicode，在比较字符时，实际上比较的是对应的 Unicode。当比较字符串时，将从两个字符串各自的第一个字符开始逐个比较，一旦比较出大小，则马上停止，示例代码及运行结果如下。

代码如下：

```
"Hello, world!" > "Hello, Python!"
```

运行结果为：

```
True
```

2.6 小结

本次挑战通过"国王与米粒"问题，希望各位读者能够掌握 Python 中值的定义和类型、基础运算符的使用方法，具体包括：
- 常量和变量；
- 标识符；
- 值的类型；
- 数值运算符；
- 字符串运算符。

值的类型在大多数编程书籍中又被称为"数据类型"，每一种值的类型，无论简单复杂，都有其相应的运算方式。读者后续将要学习的就是熟悉各种数据类型及其相应的运算，包括能对它们的值进行操作的运算符和函数，无论是运算符还是函数，最终都会返回一个相应的值。虽然现在尚未来得及对"前置引用"的函数进行深入讲解，但最终你会发现它与运算符一样，在程序中无所不在。

2.7 巩固练习

1. 每种编程语言都包含了处理数字和数学计算的方法，阅读如下 Python 代码，写出运行结果。

代码如下：

```
print("一起来数一数农场里鸡的全部数量：")
print("母鸡数：", 26 + 20 / 5)
print("公鸡数：", 100 - 25 * 3 % 4)

print("再来数一数小鸡的数量：")
print(3 + 2 + 1 - 5 + 4 % 2 - 1 / 4 + 6)

print("是真还是假？", 7 + 8 < 5 - 9)
print("1977 大于 2019 吗？", 1977 > 2019)
print("1977 大于等于 2019 吗？", 1977 >= 2019)
print("1977 小于等于 2019 吗？", 1977 <= 2019)
```

请读者先独立思考上面程序的运行结果，然后再照着录入代码，用 # 为每行代码写一个注释，说明其作用。

2. 程序员使用命名良好的变量，可以让程序阅读起来更像自然语言。同时，变量名可以帮助程序员更加容易地记住程序的内容。请读者阅读如下 Python 代码，写出运行结果，然后再照着录入一遍。

代码如下：

```
cars = 100
space_in_a_car = 4.0
drivers = 30
passengers = 90
cars_driven = drivers
cars_not_driven = cars - drivers
carpool_capacity = cars_driven * space_in_a_car
average_passengers_per_car = passengers / cars_driven

print("*** 运力分析 ***")
print("今天一共有 ", cars, "辆车是可用的。")  # 依次输出一个字符串常量、一个变量、一个字符串常量
print("今天只有 ", drivers, "个司机。")
print("今天将会有 ", cars_not_driven, "辆车空置。")
print("今天共可以运输 ", carpool_capacity, "名旅客。")
print("今天共需要运输 ", passengers, "名旅客。")
print("今天每辆车平均需要运送 ", average_passengers_per_car, "名旅客。")
```

03 Fizz Buzz 游戏 —— 流程控制

3.1 挑战描述

Fizz Buzz 游戏是许多西方国家的小朋友在学习除法时经常玩到的一个经典游戏，同时也是很多 IT 公司在招聘程序员时经常会用到的一个考题。为便于理解，作者将该问题移植到了一堂体育课的场景之中，挑战描述如下。

在某堂体育课上，体育老师决定做一个游戏，此时共有 100 名学生在上课，游戏规则如下。

- 全体学生组成一个圆圈。
- 体育老师指定一名同学，从 1 开始，依次报数。
- 如果某位同学所报的数字是 3 的整数倍，那么不能说该数字，而需要说 Fizz。
- 如果某位同学所报的数字是 5 的整数倍，那么不能说该数字，而需要说 Buzz。
- 如果某位同学所报的数字同时是 3 和 5 的整数倍，那么不能说该数字，而需要说 Fizz Buzz。

例如，前 36 项正确的序列为：1、2、Fizz、4、Buzz、Fizz、7、8、Fizz、Buzz、11、Fizz、13、14、Fizz Buzz、16、17、Fizz、19、Buzz、Fizz、22、23、Fizz、Buzz、26、Fizz、28、29、Fizz Buzz、31、32、Fizz、34、Buzz、Fizz。请读者用 Python 编写一个程序，用计算机来模拟计算并输出整个报数的过程。

3.2 解题思路

使用自然语言描述"Fizz Buzz"游戏的算法，其步骤如下。

❶ 定义整型变量：no 保存当前报数的同学的编号，并将其初始化为 1。

❷ 根据变量 no 的值，判断 100 位同学是否都已经报数完毕。如果报数完毕，则结束程序。

❸ 判断 no 是否同时能被 3 和 5 整除，如果能，则打印 Fizz Buzz，将 no 的值增加 1 后转至第②步。

❹ 判断 no 是否能被 3 整除，如果能，则打印 Fizz，将 no 的值增加 1 后转至第②步。

❺ 判断 no 是否能被 5 整除，如果能，则打印 Buzz，将 no 的值增加 1 后转至第②步。

❻ 打印 no，将 no 的值增加 1 后转至第②步。

算法流程图如图 3-1 所示。

CHALLENGE 03
Fizz Buzz 游戏 —— 流程控制

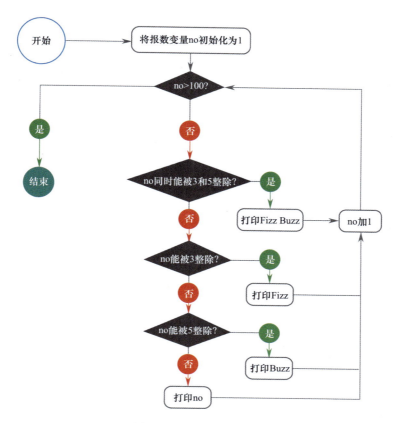

图 3-1 Fizz Buzz 流程图

3.3 编程实现

请读者在 Anaconda 环境中，启动 JupyterLab 工具，新建一个 Notebook，并将文件名设置为"Fizz_Buzz.ipynb"，然后保存，接下来开始编写 Python 代码。示例代码及运行结果如下。

代码如下：

```python
'''
作者：Syman
名称："Fizz Buzz"示例程序
'''
for no in range(1, 101):
    if no%3==0 and no%5==0:
        print("Fizz Buzz", end=" ")
    elif no%3==0:
        print("Fizz", end=" ")
    elif no%5==0:
```

```
        print("Buzz", end=" ")
    else:
        print(no, end=" ")
```

运行结果为：

```
1 2 Fizz 4 Buzz Fizz 7 8 Fizz Buzz 11 Fizz 13 14 Fizz Buzz 16 17 Fizz 19
Buzz Fizz 22 23 Fizz Buzz 26 Fizz 28 29 Fizz Buzz 31 32 Fizz 34 Buzz Fizz 37
38 Fizz Buzz 41 Fizz 43 44 Fizz Buzz 46 47 Fizz 49 Buzz Fizz 52 53 Fizz Buzz
56 Fizz 58 59 Fizz Buzz 61 62 Fizz 64 Buzz Fizz 67 68 Fizz Buzz 71 Fizz 73 74
Fizz Buzz 76 77 Fizz 79 Buzz Fizz 82 83 Fizz Buzz 86 Fizz 88 89 Fizz Buzz 91
92 Fizz 94 Buzz Fizz 97 98 Fizz Buzz
```

有时为了使输出结果更加紧凑，程序员希望一个 print( ) 函数接着上一个 print( ) 函数在同一行打印，而不要换行，这时可以使用 end=" " 参数。请读者思考一下，在上述代码中，能否先判断 no%3==0 和 no%5==0，再判断 no%3==0 and no%5==0？为什么？

3.4　流程控制

"流程控制"是计算机科学领域的专业术语，是指在计算机程序在正常运行时，程序总会从上到下按照顺序执行，但流程控制指令会改变程序执行的顺序，可能是运行不同位置的代码，也可能是在两段（或多段）代码中选择一段运行。

在"Fizz Buzz"挑战的代码中，包含了选择（if 语句）与循环（for 语句）两种控制结构，无论多么复杂的流程控制，有这两种结构就足够了，就好像无论多么复杂的电路，最终都是由通路和开路两个状态构成的一样。

> **小贴士**　理论和实践证明，无论多么复杂的程序，均可通过顺序、选择、循环这三种基本控制结构构造出来。每种结构仅有一个入口和出口。由这三种基本结构组成的多层嵌套程序称为结构化程序。对流程控制的发展历史感兴趣的读者，可以阅读 Corrado Böhm 和 Giuseppe Jacopini 于 1966 年在 Communications of the ACM 发表的关于流程控制的奠基性论文 *Flow diagrams, turing machines and languages with only two formation rules*。

3.5　if 语句

如果用道路来做比喻，现实世界中的代码从来都不是一条笔直的高速公路，而更像是由无数个岔路口组成的某个市区地图。程序员就像是驾驶员，负责告诉程序下个路口需要往左走还是往右走。具备编写优秀条件分支代码的能力非常重要，因为糟糕、复杂的分支处理非常容易让人困惑，从而降低代码质量。

if 语句是编程语言中的一种常用选择语句，首先判定所给定的条件是否满足，然后根据判定的结果（真或假）决定执行给出的两种操作之一。if 语句的基本语法如下所示，请

CHALLENGE 03
Fizz Buzz 游戏 —— 流程控制

注意第 1 行末尾的冒号和第 2 行的（4 个空格）缩进。

```
if expression:
    statements
```

如果表达式 expression 的返回值为真，则执行 if 内部的语句块 statements；否则什么都不做，继续执行 if 后面的下一个语句。如果要实现无论表达式 expression 返回值是真还是假，都需要做一点相应的事情，那么需要依照如下语法。

```
if expression:
    statements_for_True
else:
    statements_for_False
```

如果表达式 expression 返回值为真，则执行 if 内部的语句块 statements_for_True；否则，就执行 else 内部的语句块 statements_for_False。if 语句代码实例及运行结果如下。

代码如下：

```python
import random
r = random.randrange(1, 1000)
# 用 if 语句判断随机数 r 的奇偶性
if r%2 == 0:
    print(f"{r}是偶数。")
else:
    print(f"{r}是奇数。")
```

运行结果为：

```
662 是偶数。
```

> **小贴士**　在 print( ) 函数中，如果希望将变量值嵌入一个字符串中打印，可以使用"格式化字符串"（Format String），把要嵌入的变量放在一对花括号（{}）中，同时在字符串前加一个字母 f 即可。例如，f"Hello {varName}"，这种 f、引号和 {} 的组合，相当于告诉 Python 把变量 varName 的值放到 {} 所在的位置。

有时，表达式 expression 的返回值有多种可能情况，并且针对不同的情况都需要做相应的处理，那么可以依照如下语法。

```
if expression_1:
    statements_for_expression_1_True

elif expression_2:
    statements_for_expression_2_True
```

```
    elif expression_3:
        statements_for_expression_3_True
    elif expression_…:
        statements_for_expression_…_True
```

elif 是 else if 的缩写，Python 使用 elif 处理多分支情况，相当于其他编程语言中的 switch 语句（Python 中没有 switch 语句）。

3.6 for 语句

for 语句是编程语言中的一种常用循环语句，由循环体及循环的判定条件两部分组成。在 Python 中，for 语句不使用其他语言中那样的计数器，取而代之的是 range() 范围函数，用于生成整数等差数列，作为循环的计数器。用 C 语言写的 for 语句示例如下：

```
for (int i=0; i<10; i++){
    printf("i 的值为：%d\n", i);
}
```

用 Python 实现与上面同样的功能，代码如下：

```
for i in range(10):
    print(f'i 的值为：{i}')  # 每次输出的 i 的值都不同，从 0 递增至 9
```

range() 是 Python 的内建函数，依据官方文档，可以有如下两种使用方法。

```
range(stop)
range(start, stop[, step])
```

当只有一个参数的时候，这个参数可以理解为 stop，即生成一个从 0 到 stop−1 的整数数列。这就解释了为什么有时在 for … in range(…) 这种循环内的语句块里进行计算，经常会在循环变量之后写上 +1，因为 range(n) 的返回数列中并不包含 n，但有时却又需要 n。

第二种方法中，start 参数的默认值是 0。如需指定起点，此时就需要给 range() 函数传递两个参数，如 range(5, 20)。第三个参数 step 表示步长，是可选的（[] 表示可选），相当于"等差数列"中的"差"，默认值为 1。例如，range(5, 20, 2) 生成的是数列 [5, 7, 9, 11, 13, 15, 17, 19]。所以，如果希望打印 0~10 之间的所有偶数，可以按照如下方法编程。

代码如下：

```
for i in range(0, 11, 2):
    print(i)
```

3.7 流程走向的控制

在循环语句执行的过程中，还可以使用 continue 语句和 break 语句控制流程的走向，通常还需要结合判断某个条件是否发生，示例代码如下：

```python
# 打印 100 以内的所有素数
for n in range(2, 101):
    if n == 2:
        print(n)
        continue # 继续下一次循环
    for i in range(2, n):
        if (n%i) == 0: # n 可以整除 i，不是素数
            break # 结束内循环
    else: # 注意：此处的 else 对应的是上面的 for
        print(n)
```

continue 语句将忽略其后的语句并开始下一次循环；而 break 语句将结束当前循环，并开始执行循环之后的语句，如图 3-2 所示。

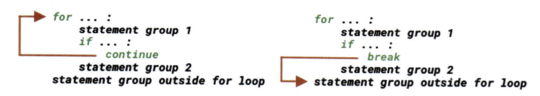

图 3-2 continue 语句与 break 语句示意图

读者可能已经注意到，在上面的示例代码中，for 语句块后面还附加了一个 else —— 这是 Python 一个比较有实用价值的特性。附加在 for 结尾的 else 语句块，在没有 break 发生的情况下会运行。

Python 中的 pass 语句是空语句，它不做任何事情，一般用于占位，可保持程序结构的完整性，示例代码如下：

```python
for i in range(101):
    pass
    if i%2 == 0:
        pass
```

在实际编写程序的过程中，程序员可以用 pass 语句占位，然后写其他部分，过后再回来补充本来应该写在 pass 语句所在位置的那一段代码。这样编程有助于保持思路的清晰，先搭好程序框架，再逐一突破，先见森林，再见树木。

3.8 while 语句

while 语句是另一种常用的循环语句，当满足条件时进入循环，当条件不满足时，跳出循环。从本质上来看，Python 中的 for 语句是以集合为基础的循环语句，而 while 语句

则是以条件为基础的循环语句，基本语法如下。

```
while expression:
    statements
```

while 语句首先判断表达式 expression 是否成立，如果条件满足，则执行语句块 statements；然后再次判断条件是否满足，如果条件满足，则再次执行 statements，直到条件不满足为止。

如果与 if 语句做一下对比，就会发现：if 语句如果条件满足，只会执行一次；而 while 语句只要条件满足，就会一直重复执行下去。与 for 语句类似，有 else 子句的 while 语句语法如下。

```
while expression:
    statements
else:
    statements_for_else
```

while 语句代码实例及运行结果如下。

代码如下：

```python
import random
x = 2 ** random.randrange(0, 101)  # 随机生成一个 2 的次幂整数
ex = 0  # 保存计算结果
temp = x
while temp > 1:
    temp /= 2
    ex += 1
print(f"以 2 为底 {x} 的对数为 {ex}。")
```

运行结果为：

以 2 为底 1267650600228229401496703205376 的对数为 100。

上面的程序用于计算以 2 为底 x 的对数。while 语句首先判断变量 temp（变量 x 的副本）是否大于 1，如果 temp > 1，则执行 temp /= 2，即将 temp 除以 2，同时将变量 ex 加 1；循环一直继续，直到变量 temp 小于或等于 1 为止。

对于初学者而言，循环语句的运作原理较为抽象，理解它的一个好方法是用自己的人脑来进行模拟，设计一个表格，在纸上列出所有的变量，随着程序的进展不断重新计算变量的值。当程序运行结束时，留在表格最下面的就是程序的最终结果。如果要模拟运行一个很多次的循环，可以先模拟较小的循环次数，然后寻找规律，做出推断。

> **小贴士** 在数学中，对数是求幂的逆运算，正如除法是乘法的逆运算一样，反之亦然。这意味着一个数字的对数就是这个数字的底的指数。在编程和算法分析中，经常会使用到对数来表示一个算法的复杂程度。

3.9 小结

本次挑战中,作者通过 "Fizz Buzz" 游戏,引入了流程控制的知识点,希望各位读者能够掌握 Python 中选择语句和循环语句的使用方法,具体包括:
- if 语句;
- for 语句;
- 流程走向的控制;
- while 语句。

理解流程控制对于编程初学者来说是遇到的第一个难点,因为习惯性思维会告诉你的大脑大地是平的,程序也应该是按照顺序执行的。生活中一般人不会去想流程控制这样的问题,但这样的问题在编程中几乎到处都是。你会看到一个函数调用了另一个包含 if 语句的函数,其中又有 for 语句嵌套了 for 语句。如果你看到这样的结构一时无法理解,就用纸和笔记下来,手动分解推演下去,直到理解为止。有了流程控制,才能算得上是程序。

3.10 巩固练习

1. 阅读如下 Python 代码,写出运行结果。再改变变量 people、cars、buses 的值,然后追溯每条 if 语句,看看最后会打印出什么。

```python
people = 30
cars = 50
buses = 16
if cars > people:
    print("我们应当乘坐小轿车。")
elif cars < people:
    print("我们不应当乘坐小轿车。")
else:
    print("我们无法决定。")
if buses > cars:
    print("巴士太多了。")
elif buses < cars:
    print("我们也可以尝试乘坐巴士。")
else:
    print("我们还是无法决定。")
if people > buses:
    print("好吧,我们就乘坐巴士吧。")
else:
    print("嗯,我们还是呆在家里吧。")
```

2. while 语句有一个问题，那就是有时它会永远无法停止，这种现场被称为"死循环"，是一种非常严重的错误（Bug）。为了避免 Python 程序中的"死循环"，在使用 while 语句时，一定要确保测试的布尔表达式最终会变成 False，或在循环体里使用 break 语句，或尽量少用 while 语句，选择 for 语句。阅读如下 Python 代码，写出运行结果。请读者再思考一下，如果将语句 i += 1 注释掉，会发生什么？

```python
i = 0
numbers = []  # 定义一个空列表（列表是一个"前置引用"的知识点）
while i < 7:
    numbers.append(i)  # 在列表末尾追加一个新元素
    print("当前列表为：", numbers)  # 打印列表
    i += 1
print("numbers 列表值如下：")
for i in numbers:
    print(i)
```

3. 请编写一个 Python 程序，输入两个整数，输出它们的最大公约数。Python 中的输入函数为 input( )，例如，语句 number = int(input(" 请输入一个整数 ")) 表示用户输入一个字符串并转换为整数，然后保存在变量 number 中。

4. 如果一个自然数刚好等于它的因子之和，则称这个数为完数。例如，6 的因子为 1、2、3，而 6=1+2+3，因此 6 是完数。请编写一个 Python 程序，计算 1000 以内（含 1000）的所有完数，每个结果占一行输出。

5. 一只猴子第一天将一堆桃子吃了一半，还不过瘾，又多吃了一个。第二天又将剩下的桃子吃掉一半，然后又多吃了一个。之后每天都是这样的吃法，到了第十天，猴子发现只剩下了一个桃子。请编写一个 Python 程序，计算这堆桃子一共有多少个。

04 绘制旗子 —— 函数

4.1 挑战描述

1966 年，Seymour Papert 和 Wally Feurzig 发明了一种专门给儿童学习编程的语言——LOGO 语言，它的特色就是通过编程指挥一个可爱的小海龟在屏幕上绘图。海龟绘图（Turtle Graphics）后来被移植到了包括 Python 的各种高级语言中，Python 内置了 turtle 库，基本上复制了 Turtle Graphics 的所有功能。

在海龟绘图中，读者可以编写程序指令让一个虚拟的海龟在计算机屏幕上来回移动。这只海龟随身携带着一支钢笔，读者可以让海龟使用这支钢笔来绘制五颜六色的图案。使用海龟绘图，不仅能够只用几行代码就创建出令人印象深刻的视觉效果，而且还可以通过观察海龟来理解每行代码如何影响到它的移动，帮助其理解代码的逻辑。所以海龟绘图也是新手学习 Python 的一种有效方法。

本次挑战中，需要读者用 Python 的 turtle 库，在屏幕上绘制出一面旗子。

4.2 解题思路

Python 的 turtle 库中提供了种类丰富的内置函数，可用于绘制各种图案。本挑战中将会使用到的部分 turtle 库函数如表 4-1 所示。

表 4-1 部分 turtle 库函数

函数名称	功能	示例
begin_fill( )	在绘制要填充的形状之前调用	turtle.begin_fill( )
bgcolor(颜色值)	设置主窗口的背景颜色	turtle.bgcolor("red")
color(颜色值)	设置画笔颜色和填充颜色	turtle.color("yellow")
done( )	海龟绘图程序的结束语句	turtle.done( )
down( )	放下画笔，移动时将画线	turtle.down( )
end_fill( )	填充上次调用 begin_fill( ) 之后绘制的形状	turtle.end_fill( )
forward(距离)	海龟前进指定距离，方向为海龟的朝向	turtle.forward(10)
goto(X 坐标, Y 坐标)	海龟移动到一个绝对坐标	turtle.goto(100,100)
hideturtle( )	使海龟不可见	turtle.hideturtle( )
left(角度)	海龟左转指定角度	turtle.left(5)
right(角度)	海龟右转指定角度	turtle.right(5)
seth(角度)	设置海龟的朝向：0 为东、90 为北、180 为西、270 为南	turtle.seth(0)

(续表)

函数名称	功能	示例
setup(宽,高,距屏幕左边缘像素数,距屏幕上边缘像素数)	设置主窗口的大小和位置	turtle.setup(600,400,0,0)
speed(速度值)	设置海龟移动速度,范围[0,10]	turtle.speed(7)

使用自然语言描述"绘制旗子"挑战的算法,其步骤如下。
❶ 初始化旗子的大小和背景色、画笔颜色、海龟的移动速度。
❷ 调用自定义函数 drawStar( )绘制大五角星。
❸ 调用自定义函数 drawStar( )分别绘制四颗小五角星。
算法流程图如图 4-1 所示。

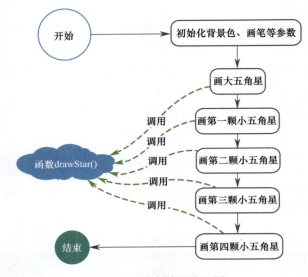

图 4-1　绘制旗子流程图

> 小贴士　对海龟绘图感兴趣的读者,可以进一步深度阅读官网文档,地址为 https://docs.python.org/zh-cn/3/library/turtle.html。

上述算法中,多处使用到了自定义函数 drawStar( ),函数是本挑战中将要介绍的核心概念,读者暂时不用理会函数的语法,先来思考一下应该如何画出闭合的五角星图案(闭合后才能填充颜色)。因为五角星的对称性,能否使用上一个挑战中学习的循环语句来处理?请读者观察图 4-2 中的五角星绘制方案。

图 4-2　绘制五角星

CHALLENGE 04
绘制旗子——函数

可以看出，图 4-2 的五角星绘制方案中，首先绘制出两个角的两条相邻边（Step ①），然后再将 Step ① 重复 4 次，即完成一颗五角星的绘制。假设五角星每个角的边长为 fd，根据几何原理和表 4-1 中的库函数可以推导出，Step ① 应由 4 步完成：海龟前移 fd；海龟向右旋转 72 度；海龟前移 fd；海龟向左旋转 144 度。至此，完整的解题思路已经形成，接下来开始动手编程实现。

4.3 编程实现

请读者在 Anaconda 环境中，启动 JupyterLab 工具，新建一个 Notebook，并将文件名设置为 "绘制旗子.ipynb"，然后保存，接下来开始编写 Python 代码。完整程序代码如下，其中使用的 turtle 库函数含义请参见表 4-1。

代码如下：

```python
'''
作者：Syman
名称："绘制旗子" 示例程序
'''
import turtle  # 引入 turtle 库，召唤小海龟
# 初始化
turtle.setup(600, 400, 0, 0)
turtle.bgcolor("red")
turtle.color("yellow")
turtle.speed(3)
'''
定义 drawStar() 函数
    参数 x：绘制起点 X 坐标
    参数 y：绘制起点 Y 坐标
    参数 h：海龟初始朝向
    参数 fd：海龟前进距离
    参数 angle：海龟转向角度，默认值为 144
'''
def drawStar(x, y, h, fd, angle=144):
turtle.begin_fill()
    turtle.up()
    turtle.goto(x, y)
    turtle.seth(h)
    turtle.down()
    for i in range (5):
        turtle.forward(fd)
        turtle.right(angle//2)
        turtle.forward(fd)
```

```
        turtle.left(angle)
    turtle.end_fill()
# 调用 drawStar() 函数绘制五颗五角星
DraStar(-230, 30, 36, 50)
drawStar(-100, 180, 305, 15)
drawStar(-60, 120, 304, 15)
drawStar(-60, 60, 303, 15)
drawStar(-100, 10, 302, 15)
# 签写 "我爱你中国"
turtle.up()
turtle.goto(150, -160)
turtle.write(" 我爱你中国 ", font=(" 华文楷体 ", 20, "normal"))
turtle.hideturtle()
turtle.done()
```

输入以上程序后并执行，将可以看到一只小海龟，在屏幕上绘制出一面旗子。

4.4 函数

函数是 Python 中最重要的概念之一。在编程时，程序员需要将真实世界里的大问题分解为小问题，然后通过一个个函数交出答案。函数既是重复代码的克星，也是对抗代码复杂度的最佳武器。

如同大部分故事都会有结局，绝大多数函数也都是以返回结果作为结束的。函数返回结果的方法，决定了调用时的体验。所以，了解如何优雅地让函数返回结果，是编写好函数的必备知识。

1. 内置函数

函数本质上是可被调用的完整程序，具备输入、处理、输出三大功能。又因为它经常在主程序中被调用，所以它更像是个子程序。在前面的几个挑战中，我们已经使用过了很多 Python 的内置函数，例如，print() 函数。了解一个内置函数，可以从以下两个方面入手：

- 它的输入（参数）是怎么构成的？
- 它的输出（返回值）是什么？

如果将一个函数想象成为一个家具工厂，那么木材就是这间工厂的输入，而成品家具就是这间工厂的输出。在使用函数的过程中，可先忽略它的内部如何完成从输入到输出之间的处理过程，就好像平日里使用电灯一样，大多数情况下，我们只要知道开和关的使用方法就够了，至于为什么按到这个方向上灯会亮，为什么按到另外一个方向上灯会灭，作为用户的我们，并不需要关心。当然，如果你是设计开关的人就不一样了，这时就必须知道其中的运作原理。

当用 Python 编程时，很多情况下，我们只不过是在使用别人已经写好的函数，即内置函数。而我们所需要做的事情,首先是通过阅读文档了解该函数的输入和输出,然后在合适的地方去调用它即可,例如,语句 print("Hello World!") 调用了 print( ) 函数并传入一个字符串参数,其效果是在屏幕上打印了 "Hello World!"。Python 全部的内置函数请参见其官方文档,地址为 https://docs.python.org/3/library/functions.html。

2. 函数的参数

在 Python 中,函数的参数有如下两种:
- 位置参数(Positional Argument,在官方文档中常被缩写为 arg);
- 关键字参数(Keyword Argument,在官方文档中常被缩写为 kwarg)。

在函数定义中,带有 = 的参数为已设定了默认值的参数,是关键字参数,其他的是位置参数。在调用有关键字参数的函数时,如果不提供这些参数,那么在执行时,使用的是定义时的默认值;如果提供了这些参数,那么在执行时,使用的是接收到的相应值。例如,本挑战中,自定义的 drawStar( ) 函数具有五个参数,前四个参数为位置参数,第五个参数 angle 为关键字参数,其默认值为 144。

3. 自定义函数

程序员可以定义并使用自己的函数,就像内置函数一样,这将在编程效率和代码复用方面产生一个质的飞跃。自定义函数允许给一段程序起一个名字,然后在程序的其他位置通过使用这个名字来运行这段程序,这被称为函数的调用。在本挑战中,自定义了一个 drawStar( ) 函数,在随后绘制五颗五角星时,只需传入正确的参数并调用这个函数即可,而不需要把绘制五角星的代码重复写五遍,提高了代码的复用率和可维护性。

自定义函数的第一步是为函数取一个名字。哪怕一个函数内部什么都不处理,也需要有名字,然后在名字后面加上一对圆括号,以表明它是个函数,而不是某个变量。自定义函数的关键字是 def,以下代码定义了一个什么都不做的函数:

```
def do_nothing():
    pass
do_nothing()  # 调用函数 do_nothing()
```

为函数取名字的规则与变量的命名规则是一样的,即只能由数字、字母和下画线构成,不能以数字开头,不能使用关键字,且尽量使用有意义的单词或单词组。

自定义函数的第二步是定义参数列表,函数可以不接收任何参数(参数列表为空),也可以接收一个或多个参数。接下来定义一个判断某年是否为闰年的函数,取名为 isLeap( ),它接收一个整型参数,若是闰年,则返回 True;否则返回 False。

代码如下:

```
'''
闰年定义如下:
条件①:闰年年份应该是 4 的倍数。
条件②:年份能被 100 整除但不能被 400 整除的,不是闰年。
```

```
'''
def isLeap(year):
    leap = False
    if year%4 == 0:
        leap = True
        if year%100 == 0 and year%400 != 0:
            leap = False
    return leap
import random  # 引入随机数模块
year = random.randrange(1000, 10000)
print(str(year) + "年:" + str(isLeap(year)))
```

函数可以同时接收多个参数。例如，可以写一个函数，让它输出从大于等于某个年份到小于另外一个年份所有的闰年。这时就需要定义两个参数，调用它的时候也需要传递两个参数。

代码如下：

```
def printLeap(start, end):
    y = start
    while y < end:
        if isLeap(y):  # 调用函数 isLeap()
            print(y)
        y += 1
printLeap(2000, 3000)
```

自定义函数的第三步是处理返回值。函数通过 return 语句来输出返回值。但函数内部，不一定非要有 return 语句，上面的 do_nothing( ) 函数就没有 return 语句，如果函数内部并未定义返回值，那么该函数的返回值为 None，当 None 被当成布尔值对待时，相当 False。而上面的 isLeap( ) 函数，就有一个布尔型的返回值，并通过 return 语句输出。

4.5 变量的作用域

下面的代码，经常会使初学者产生迷惑。当 increase_one(n) 被调用之后，n 的值究竟是多少呢？ print(n) 的输出结果应该是什么呢？

代码如下：

```
def increaseOne(n):
    n += 1
    return n
```

```
n = 1
print(increaseOne(n))
print(n)
```

在程序执行过程中，变量有全局变量（Global Variable）和局域变量（Local Variable）之分。首先，每次某个函数被调用的时候，这个函数会开辟一个新的内存区域，这个函数内部所有的变量，都是局域变量。也就是说，即便那个函数内部某个变量的名称与它外部的某个全局变量名称相同，它们也不是同一个变量 —— 只是名称相同而已；其次，更为重要的是，当外部调用一个函数的时候，传递给参数的不是变量本身，而是变量的值。也就是说，当 increaseOne(n) 被调用的时候，被传递给那个恰好名称也叫 n 的局域变量的，是全局变量 n 的值 1；而后，increaseOne( ) 函数的代码开始执行，局域变量 n 经过 n += 1 执行之后，其值变为 2，而后这个值又被 return 语句返回，所以 print(increaseOne(n)) 所输出的值是函数被调用之后的返回值，即 2；最后，全局变量 n 的值并没有被改变，因为局部变量 n（它的值是 2）和全局变量 n（它的值还是 1）只不过是名字相同而已，但它们并不是同一个变量。

有一种情况要格外注意，如果传递进来的参数是可变容器（如列表）时，函数内部如果对这个容器的某些项进行了修改，则全局有效。所以，一个比较好的习惯是，如果传递进来的值是列表，那么在函数内部对其操作之前，应先创建一个它的副本。容器和列表是"前置引用"知识，会在后面的挑战中详细介绍。

4.6 小结

本次挑战中，作者通过"绘制旗子"挑战，引入了函数的知识点，希望各位读者能够掌握 Python 中内置函数和自定义函数的使用方法，具体包括：
- 内置函数；
- 函数的参数和返回值；
- 自定义函数；
- 变量的作用域。

一般情况下，学习者总是先学会阅读，而后才开始练习写作；并且，阅读的量一定远远大于写作的量。学习使用内置函数需要学习者的"阅读能力"，而编写自定义函数则需要学习者的"写作能力"。从结构化程序设计的角度看，编写自定义函数只有一个基本要求：一个函数只完成一个基本功能。因为结构化编程的核心就是拆分任务，把任务拆分到不能再拆分为止，什么时候不能再拆分了呢？就是当一个函数可以轻易地完成一个基本功能的时候。

4.7 巩固练习

1. 阅读如下 Python 代码，写出运行结果。

代码如下：

```python
def printTwo(*args):  # 符号 * 表示把所有参数都接收进来，然后放到名为 args 的列表中
    arg1, arg2 = args
    print(f"arg1 的值：{arg1}；arg2 的值：{arg2}。")
def printTwoAgain(arg1, arg2):
    print(f"arg1 的值：{arg1}；arg2 的值：{arg2}。")
def printOne(arg1):
    print(f"arg1 的值：{arg1}。")
def printNone():
    print("没有任何参数。")
printTwo("Syman", "Sun")
printTwoAgain("Syman", "Sun")
printOne("Python")
printNone()
```

2. "小处着手"是一个很好的学习方式，先学会编写各种"小"函数，慢慢地就能设计"大"函数了。下面的 Python 代码，包含了四个非常短小的函数，请阅读后写出运行结果。

代码如下：

```python
def add(a, b):
    return a + b
def subtract(a, b):
    return a - b
def multiply(a, b):
    return a * b
def divide(a, b):
    return a / b
print("开始计算个人信息……")
age = add(27, 16)
height = subtract(180, 8)
weight = multiply(35, 2)
iq = divide(360, 3)
print(f"年龄：{age}、身高：{height}、体重：{weight}、智商：{iq}。")
```

3. 请编写一个 Python 程序，通过自定义两个函数求某个区间内的素数和。函数 isPrime(n) 用于判断一个数 n 是否为素数，函数 sum(a, b) 用于求区间 [a, b] 内所有素数的和，假定 1 ≤ a < b。

CHALLENGE 05 破译密文 —— 字符串

5.1 挑战描述

在常规的邮政系统中，寄信人用信封隐藏其内容，这就是最基本的保密技术，而在计算机中，并没有办法使用物理上的信封来保密信息。为了实现电子信息的保密性，就必须实现该信息对除特定收信人以外的任何人都是不可读取的。加密就是通过密码算术对数据进行转化，使之成为没有正确密钥任何人都无法读懂的报文。而这些以无法读懂的形式出现的数据一般被称为密文。为了读懂报文，密文必须重新转变为它的最初形式 —— 明文，而含有用来以数学方式转换报文的双重密码就是密钥。

本次挑战中，你收到了一封来自朋友的信，如图 5-1 所示。但信中文字是已加密的密文，加密规则朋友已经告知，你需要用 Python 编写程序破译密文，获得明文。加密规则如下。

- 明文由小写字母、空格和标点符号组成。
- 明文中的每个小写字母均由其字母序左边第二个字母替代。例如，c 被 a 所替代。
- 如果左边第二个超出边界，则从字母 z 起循环计数。例如，a 被 y 所替代。

g fmnc wms bgblr
rpylqjyrc gr zw f
ylb. rfyrq ufyr a
mknsrcpq ypc dmp.
bmgle gr zw fylb
gq glcddgagclr yl
b rfyr'q ufw rfgq
rcvr gq qm jmle.
zw qwkyl.

图 5-1 密文信

5.2 解题思路

在发展的早期,计算机的中央处理器(CPU)最多只能够处理 8 位二进制数,所以,那时的计算机只能处理 256 个字符。计算机所使用的编码表叫 ASCII(美国信息交换标准代码)。目前计算机的中央处理器大多是 64 位的,所以可以使用 2^{64} 个字符容量的编码表,称为 Unicode。随着多年的收集,2018 年 6 月 5 日公布的 Unicode 11.0.0 版本已经包含了 13 万个字符。

把单个字符转换成码值的函数是 ord( ),它只能接收单个字符,否则会报错,它返回该字符的 Unicode。与 ord( ) 相对的函数是 chr( ),它接收且只接收一个整数作为参数,而后返回相应的字符。示例代码及运行结果如下。

代码如下:

```python
from IPython.core.interactiveshell import InteractiveShell
InteractiveShell.ast_node_interactivity = "all" # 命令 Jupyter 显示全部结果

ord("孙")
chr(23385)
ord("勇")
chr(21191)
```

运行结果为:

```
23385
'孙'
21191
'勇'
```

> **小贴士** ASCII 只有一字节(8 位),如果要表示中文,显然一字节是不够的,至少需要两字节,而且还不能和 ASCII 冲突,所以,中国制定了 GB2312,用来把中文编进去。类似地,日文和韩文等其他语言也存在这个问题。为了统一所有文字的编码,Unicode 应运而生。Unicode 把所有语言都统一到一套编码中,这样就不会再有乱码问题了。

解密过程是加密的逆运算,根据本挑战的加密规则易知,对于密文中的每个小写字母,均需要将其向右循环移动 2 位,其他字符无须处理,使用自然语言描述"破译密文"挑战的算法,其步骤如下。

❶ 初始化密文字符串。
❷ 如果处理完成全部密文,则转至第⑥步。
❸ 如果当前处理的字符不是小写字母,则直接将该字符复制到明文对应位置处,并转至第②步处理下一个字符。
❹ 如果当前处理的字符是 'y' 或 'z',则相应替换为 'a' 或 'b',并转至第②步处理下一个字符。

❺ 将当前处理字符的 Unicode 加 2 后复制到明文对应位置处,并转至第②步处理下一个字符。

❻ 输出明文字符串。

算法流程图如图 5-2 所示。

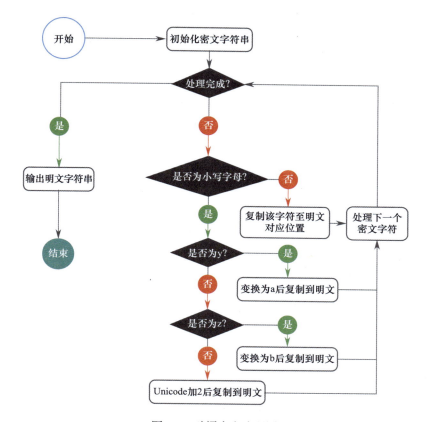

图 5-2　破译密文流程图

5.3　编程实现

请读者在 Anaconda 环境中,启动 JupyterLab 工具,新建一个 Notebook,并将文件名设置为"破译密文.ipynb",然后保存,接下来开始编写 Python 代码,示例代码及运行结果如下。其中,语句 plaintext += chr(ord(everyChar)+2) 的作用是先求出字符 everyChar 的 Unicode 并加 2,然后再把新的 Unicode 转换回字符,最后把生成的字符追加到明文 plaintext 的末尾。

代码如下:

```
'''
作者:Syman
名称:"破译密文"示例程序
'''
```

```python
# 初始化密文和明文字符串，三个引号包含的字符串可由多行组成
ciphertext = '''g fmnc wms bgblr rpylqjyrc gr zw fylb. rfyrq ufyr
amknsrcpq ypc dmp. bmgle gr zw fylb gq glcddgagclr ylb rfyr'q ufw rfgq
rcvr gq qm jmle. zw qwkyl.'''
plaintext = ''
for everyChar in ciphertext: # 依次遍历 ciphertext 中的每个字符
    if everyChar>='a' and everyChar<='z': # 判断是否为小写字母
        if everyChar == 'y':
            plaintext += 'a'
        elif everyChar == 'z':
            plaintext += 'b'
        else:
            plaintext += chr(ord(everyChar)+2)
    else:
        plaintext += everyChar
print(plaintext)
```

运行结果为：

```
i hope you didnt translate it by hand. thats what computers are for.
doing it by hand is inefficient and that's why this text is so long. by syman.
```

5.4 字符串

处理字符串是计算机程序中最普遍的需求之一，Python 中的字符串是以 ' ' 或 " " 或 ''' '''
括起来的任意文本，如 '123'、"abc"、''' 我爱你中国！'''等。请注意，各种引号本身只是一
种表示方式，不是字符串的一部分。字符串 '123' 只有 1、2、3 这 3 个字符。

1. 字符串与数值之间的转换

由数字构成的字符串，可以被转换成数值，转换整数用函数 int( )，转换浮点数用函
数 float( )。与之相对，使用函数 str( ) 可以将数值转换成字符串类型。注意，函数 int( ) 在
接收字符串为参数的时候，只能做整数转换。下面代码的最后一行会报错。

代码如下：

```
int('3')
float('3')
str(3.1415926)
# int('3.1415926') # 这一行会报错
```

input( ) 这个内置函数的功能是接收用户的键盘输入，并将其作为字符串返回。它可
以接收一个字符串作为参数，在接收用户键盘输入之前，会把这个参数输出到屏幕，作为

给用户的提示语。这个参数是可选参数,如果直接写 input( ),不提供参数,那么它在要求用户输入时,就没有提示语。以下代码会报错,因为 age < 18 不是合法的逻辑表达式,age 是由 input( ) 传递过来的字符串,它不是数字,所以不可以与数字进行比较。

代码如下:

```python
age = input('请告诉我您的年龄是：')
if age < 18:  # age 是字符串，需要转换为数值后才能比较
    print('未成年人禁止饮酒。')
else:
    print('祝您喝得愉快！')
```

2. 字符串的操作

字符串可以用空格（' '）或加号（+）拼接。

代码如下:

```python
'Hello' + ' ' + 'World!'
'Hello' 'World!'
```

字符串还可以用整数倍操作符（*）操作,例如,'Goal!' * 3 的作用是把字符串 'Goal!' 复制三遍。

代码如下:

```python
'Goal!' * 3
```

字符串还可以使用 in 和 not in 操作符,来检查某个字符或字符串是否被包含在某个字符串中,返回的是布尔值。

代码如下:

```python
'中国' in '我爱你中国！'
```

字符串是由一系列的字符构成的。在 Python 中有一个容器（Container）的概念,这个概念前面提到过,后面还会深入讲解。现在需要知道的是,字符串也是容器的一种。Python 容器可分为两种:有序的和无序的,字符串属于有序容器。字符串里的每个字符,都对应着一个从 0 开始的索引。不同于其他编程语言,Python 中的索引可以是负数。Python 索引示例如表 5-1 所示。

表 5-1 Python 索引示例

0	1	2	3	4	5
P	y	t	h	o	n
−6	−5	−4	−3	−2	−1

对于有序容器中的元素（字符就是字符串容器中的元素）,由于它们是有索引的,所

以可以根据索引提取容器中的元素值，操作符是 []，称为索引操作符。注意以下代码第 3 行中，str 后面的 [] 以及里面的变量 i。

代码如下：

```python
str = 'Python'
# 打印字符串 str 中每个字符的索引及其自身
for char in str:
    print(str.index(char), char)

for i in range(len(str)):
    print(str[i])

# 上面两行代码仅是为了演示索引操作符的使用，更简洁的写法应是：
for i in str:
    print(i)
```

索引操作符可根据索引提取字符串中一个或多个元素，即其中的字符或字符串。这个"提取"的动作有个专门的术语，称为"切片"（Slicing）。索引操作符 [] 中可以有一个、两个或三个整数参数，如果有两个参数，需要用 : 隔开，可以写成以下几种形式。

- str[index] —— 返回索引值为 index 的那个字符。
- str[start:] —— 返回从索引值为 start 开始一直到字符串末尾的所有字符。
- str[start:stop] —— 返回从索引值为 start 开始一直到索引值为 stop 的那个字符前面的所有字符。
- str[:stop] —— 返回从字符串开头一直到索引值为 stop 的那个字符前面的所有字符。
- str[start:stop:step] —— 返回从索引值为 start 开始一直到索引值为 stop 的那个字符前面的，并以 step 为步长提取的所有字符。

小贴士

读者应该已经发现：在 Python 中，无论是 range(1, 10) 或 random.randrange(100, 1000)，还是 str[start:stop]，都具有一个相似的规律，即其范围包含左侧的 1、100、start，但不包含右侧的 10、1000、stop，是一个"左闭右开"区间。

5.5 转义字符

有一种非常重要的字符，称为"转义字符"（Escaping Character），用于完成某种特定功能，用一个反斜杠（\）来表示，它本身不被当成字符，如果要想在字符串里含有反斜杠，需要写为 \\。请观察如下代码及运行结果。

代码如下：

```python
# 用三个单引号。注意输出结果中的 \n
# 这个字符串，看起来是两行的，保存在变量之中的时候，
# 却是一整串，其中的换行是用 \n 表示的。
```

```
'''
床前明月光，疑是地上霜。
举头望明月，低头思故乡。
'''
```

运行结果为：

```
'\n 床前明月光，疑是地上霜。\n 举头望明月，低头思故乡。\n'
```

代码如下：

```
print(
'''
床前明月光，疑是地上霜。
举头望明月，低头思故乡。
'''
) #用 print() 输出的时候，\n 就是不可见字符，字符串本身如下：
#   '\nSimple is better than complex.\nComplex is better than complicated.\n'
# 其中的 \n 被打印出来的时候显示成换行
```

运行结果为：

```
床前明月光，疑是地上霜。
举头望明月，低头思故乡。
```

在以上示例中，\n 就是一个转义字符，其作用是换行。在用函数 print( ) 输出时，\n 就是不可见的，仅仅执行换行操作。转义字符 \ 的另外两个常用形式是和 t、' 连用，\t 表示制表符（键盘上的 Tab 键）；如果希望在单引号括起来的字符串中再使用单引号，则需要使用转义字符 \'。Python 常用的转义字符如表 5-2 所示。

表 5-2 Python 常用的转义字符

转义字符	功能描述
\\	反斜杠符号
\'	单引号
\"	双引号
\a	计算机响铃
\b	退格（Backspace）
\n	换行符
\v	纵向制表符
\t	横向制表符
\r	回车符
\f	换页符

小贴士 由于历史原因，在不同的操作系统中，换行符的使用各不相同。Unix 类操作系统（包括现在的 Mac OS）使用的是 \n；Windows 操作系统使用的是 \r\n；苹果公司早期的 Macintosh 操作系统使用的是 \r。

5.6 小结

本次挑战中，作者通过"破译密文"挑战，引入了字符串的知识点，希望各位读者能够掌握 Python 中字符串的使用方法，具体包括：

- 字符串的概念；
- 字符串与数值之间的转换；
- 字符串的操作；
- 转义字符。

本挑战中的内容略显繁杂，不过，若是读者总结归纳一下，就会发现其实没有那么复杂，核心就是围绕字符串这种 Python 中常用数据类型的应用展开介绍的。但从本挑战开始，每个核心知识点涉及的细节会越来越多，需要读者针对自己的特殊情况，去反复琢磨、勤加练习，唯有如此，才能真正掌握相关知识，而不能指望看一遍教材就能全部掌握，因为没有哪个作者能做到"遍历所有读者的所有特殊情况"。

凡事怕琢磨，那些所谓的"高手"，无一例外都是善于琢磨、勤加练习的人。所谓的琢磨，其实不难，只不过在此之前，需要先了解清楚自身情况，知道该琢磨些什么而已。一旦知道了，剩下的都再自然不过。

5.7 巩固练习

1. 阅读如下 Python 代码，写出运行结果。

代码如下：

```python
strA = "Hello"
strB = "Python"

print ("strA + strB 输出结果：", strA + strB)
print ("strA * 2 输出结果：", strA * 2)
print ("strA[1] 输出结果：", strA[1])
print ("strA[1:4] 输出结果：", strA[1:4])

if "H" in strA:
    print ("H 在变量 strA 中")
else :
```

```
        print ("H 不在变量 strA 中 ")

if "M" not in strA:
        print ("M 不在变量 strA 中 ")
else :
        print ("M 在变量 strA 中 ")

print ('\\n')
```

2. 请编写一个 Python 程序，通过随机函数，自动生成一个六位的验证码，并显示给用户，然后判断用户输入（使用函数 input( )）的验证码是否正确。

3. 请编写一个 Python 程序，用于过滤敏感词语，例如，"爆炸""破坏"等。首先提示用户输入一段文字，如果用户输入的文字中包含敏感词语，则用字符串 '***' 替换（使用函数 replace( )）。敏感词语表请读者自行创建。

CHALLENGE 06 画家的礼物 —— 容器

6.1 挑战描述

绘画时勾勒轮廓的线，有曲线、直线、折线，有粗线、细线，有实线、虚线，统称"线条"。线条是最朴素的绘画语言，人类最初的绘画就是用简单的线条勾勒出美丽画卷。线条也是中国传统书法中最具有民族魅力的语言，抑扬顿挫、干湿浓淡、堂堂正正、龙飞凤舞，无不活灵活现地表达着内心的世界和民族特色的文化内涵。

本次挑战中，你收到了来自一位画家朋友的最新画作，但当打开画纸后，却看到了形式如下的两串格式化数字：

#第一部分
[(146,399),(163,403),(170,393),(169,391),(166,386),……

#第二部分
[(156,141),(165,135),(169,131),(176,130),(187,134),……

还有一张纸条，上面写着：

- 这是一幅由许许多多长短不一的直线条连成的图案，由两部分构成。
- 图案的每一部分均由若干个点以及相邻两点间的连线构成，每一对圆括号内的数字即是点的坐标。
- 亲爱的朋友，你能把这幅画复原，看看画的是什么吗？

因为画纸上点的数量众多且分布密集，为了降低工作量、提高准确度，需要用 Python 绘制。

6.2 解题思路

本挑战的核心任务只有一个：根据已知的点集坐标，绘制连线并生成图像，我们选用 Python 图像处理库来完成这个任务。PIL（Python Image Library）是 Python 的第三方图像处理库，但是由于其强大的功能与众多的用户，因此几乎已经被认为是 Python 官方的图像处理库了，其官方主页为 http://pythonware.com/products/pil/。PIL 历史悠久，原来只支持 Python 2.×，现已移植到 Python 3.× 中。

PIL 中最重要的模块是 Image，下面的代码演示了如何使用 Image 从指定文件中打开一张图像（见图 6-1）并显示，然后再另存为一张其他图像格式的文件。

代码如下：

```
from PIL import Image  # 从 PIL 中导入 Image 模块
image = Image.open("river.jpg")  # 读取文件名为 "river.jpg" 的图片
image.show()  # 显示图片
```

```
image.save("river.png", "png")  # 转换图像格式并另存为 png 文件
```

图 6-1　用 Image 模块打开一张图像

知道了如何处理图像文件后，还需要根据两点绘制直线的能力，这时可以使用 PIL 的 ImageDraw 模块。ImageDraw 模块提供了简单的 2D 绘制功能，用户可以使用这个模块创建新的图像，注释或润饰已存在的图像，实时产生各种图形。ImageDraw 模块使用和 PIL 一样的坐标系统，即原点（0，0）为屏幕左上角。绘制直线的函数为 line(xy, options)，其中，坐标列表（x 和 y）可以是任何包含数对组 [(x, y),…] 或者数字序列 [x,y,…] 的对象，至少包括两个坐标（x 和 y）。

6.3　编程实现

请读者在 Anaconda 环境中，启动 JupyterLab 工具，新建一个 Notebook，并将文件名设置为"画家的礼物 .ipynb"，然后保存，接下来开始编写 Python 代码，示例代码及运行结果如下。

代码如下：

```
'''
作者：Syman
名称："画家的礼物"示例程序
'''
from PIL import Image, ImageDraw
# 来自画家的第一串数字
partOne = [(146,399),(163,403),(170,393),(169,391),(166,386),(170,381),
(170,371),(170,355),(169,346),(167,335),(170,329),(170,320),(170,310),(171,301),
(173,290),(178,289),(182,287),(188,286),(190,286),(192,291),(194,296),(195,305),
(194,307),(191,312),(190,316),(190,321),(192,331),(193,338),(196,341),(197,346),
(199,352),(198,360),(197,366),(197,373),(196,380),(197,383),(196,387),(192,389),
```

(191,392),(190,396),(189,400),(194,401),(201,402),(208,403),(213,402),(216,401),
(219,397),(219,393),(216,390),(215,385),(215,379),(213,373),(213,365),(212,360),
(210,353),(210,347),(212,338),(213,329),(214,319),(215,311),(215,306),(216,296),
(218,290),(221,283),(225,282),(233,284),(238,287),(243,290),(250,291),(255,294),
(261,293),(265,291),(271,291),(273,289),(278,287),(279,285),(281,280),(284,278),
(284,276),(287,277),(289,283),(291,286),(294,291),(296,295),(299,300),(301,304),
(304,320),(305,327),(306,332),(307,341),(306,349),(303,354),(301,364),(301,371),
(297,375),(292,384),(291,386),(302,393),(324,391),(333,387),(328,375),(329,367),
(329,353),(330,341),(331,328),(336,319),(338,310),(341,304),(341,285),(341,278),
(343,269),(344,262),(346,259),(346,251),(349,259),(349,264),(349,273),(349,280),
(349,288),(349,295),(349,298),(354,293),(356,286),(354,279),(352,268),(352,257),
(351,249),(350,234),(351,211),(352,197),(354,185),(353,171),(351,154),(348,147),
(342,137),(339,132),(330,122),(327,120),(314,116),(304,117),(293,118),(284,118),
(281,122),(275,128),(265,129),(257,131),(244,133),(239,134),(228,136),(221,137),
(214,138),(209,135),(201,132),(192,130),(184,131),(175,129),(170,131),(159,134),
(157,134),(160,130),(170,125),(176,114),(176,102),(173,103),(172,108),(171,111),
(163,115),(156,116),(149,117),(142,116),(136,115),(129,115),(124,115),(120,115),
(115,117),(113,120),(109,122),(102,122),(100,121),(95,121),(89,115),(87,110),
(82,109),(84,118),(89,123),(93,129),(100,130),(108,132),(110,133),(110,136),
(107,138),(105,140),(95,138),(86,141),(79,149),(77,155),(81,162),(90,165),(97,167),
(99,171),(109,171),(107,161),(111,156),(113,170),(115,185),(118,208),(117,223),
(121,239),(128,251),(133,259),(136,266),(139,276),(143,290),(148,310),(151,332),
(155,348),(156,353),(153,366),(149,379),(147,394),(146,399)]
# 来自画家的第二串数字
partTwo = [(156,141),(165,135),(169,131),(176,130),(187,134),(191,140),
(191,146),(186,150),(179,155),(175,157),(168,157),(163,157),(159,157),
(158,164),(159,175),(159,181),(157,191),(154,197),(153,205),(153,210),
(152,212),(147,215),(146,218),(143,220),(132,220),(125,217),(119,209),
(116,196),(115,185),(114,172),(114,167),(112,161),(109,165),(107,170),
(99,171),(97,167),(89,164),(81,162),(77,155),(81,148),(87,140),(96,138),
(105,141),(110,136),(111,126),(113,129),(118,117),(128,114),(137,115),
(146,114),(155,115),(158,121),(157,128),(156,134),(157,136),(156,136)]

im = Image.new("RGB", (640,480), "white")
image = ImageDraw.Draw(im)
image.line(partOne, 0) # 绘制第一部分
image.line(partTwo, 0) # 绘制第二部分
im.save("gift.png")
im.show()
```
```

运行结果为：

6.4 数据容器

编程语言的容器是用来存储和组织其他对象的。也就是说，容器中可以放很多东西，可以是整数、字符串，也可以是自定义类型数据，然后容器把这些数据有组织地存放在计算机内存中。C++ 语言中的容器要事先定义好类型，也就是一开始是字符串型的容器都只能放字符串。但 Python 的容器中可以放任何数据类型，Python 的数据容器包括字符串、由 range( ) 函数生成的等差数列、列表（List）、元组（Tuple）、集合（Set）、字典（Dictionary）等。这些容器各有各的用处。通过单独或组合使用它们，可以高效地完成很多事情。Python 自身的内部实现细节也与这些容器类型息息相关。

按照数据是否可以修改，Python 容器分为可变容器（Mutable）和不可变容器（Immutable）。可变的有列表、集合、字典；不可变的有字符串、range( ) 生成的等差数列、元组。注意，有一类集合：Frozen Set，是不可变的；按照数据是否有序，字符串、由 range( ) 函数生成的等差数列、列表、元组都是有序类型（Sequence Type），而集合与字典是无序的。另外，集合中没有重复元素。

数据容器中的元素是可以被迭代的（Iterable），即容器中包含的元素可以被逐个访问，以便处理。对于数据容器，可使用运算符 in 来判断某个元素是否属于某个容器。由于数据容器的可迭代性，再加上运算符 in，在 Python 里写循环语句格外容易且方便（以字符串容器作为例子）。

代码如下：

```
for ch in "Python":
    print(ch)
```

6.5 列表

列表和字符串一样,是个有序类型的容器,其中包含着有索引编号的元素,用 [] 括起来。列表中的元素可以是不同类型的。不过,在解决现实问题的时候,程序员总是倾向于创建由同一个类型的数据构成的列表。遇到由不同类型数据构成的列表时,程序员更可能做的是想办法把不同类型的数据分门别类地拆分出来,整理清楚,这种工作有个专门的名称与之关联,即数据清洗。在本挑战中,partOne 和 partTwo 这两个变量就是列表类型。

1. 创建列表

创建一个列表,有如下几种方式:

```
listA = []  # 创建一个空列表
listB = [1, 2, 3]  # 创建一个列表,包含 3 个元素:1、2、3
list(), or list(iterable)
[(带有变量 x 的表达式) for x in iterable]
```

示例代码及运行结果如下。
代码如下:

```
listA = []
listA.append(1)  # 在列表末尾追加一个新元素
listA.append(2)
print("列表", listA, f"的长度为{len(listA)}。")

# 函数 range() 返回的不是 list,需要用 list() 转换
listB = list(range(1, 10))
listB.append(10)
print("列表", listB, f"的长度为{len(listB)}。")

listC = [2**x for x in range(9)]
print("列表", listC, f"的长度为{len(listC)}。")
```

运行结果为:

```
列表 [1, 2] 的长度为 2。
列表 [1, 2, 3, 4, 5, 6, 7, 8, 9, 10] 的长度为 10。
列表 [1, 2, 4, 8, 16, 32, 64, 128, 256] 的长度为 9。
```

2. 列表的操作

列表的操作和字符串一样,因为它们都是有序容器。列表的运算符如下。

- 拼接：+（与字符串的区别是，不能用空格' '了）。
- 复制：*。
- 逻辑运算：in 和 not in，<、<=、>、>=、!=、==。

两个列表和两个字符串一样，也是可以被比较的，比较方式与字符串一样，从两个列表各自的第一个元素开始逐个比较，"一旦决出胜负马上停止"。列表也可以根据索引操作，由于列表是可变序列，所以不仅可以根据索引提取，还可以删除，甚至替换。请阅读并思考如下代码。需要注意的是：列表是可变序列，而字符串是不可变序列，所以，对字符串来说，虽然也可以根据索引提取，但无法根据索引删除或者替换。

代码如下：

```python
import random
n = 3
listA = [random.randrange(65, 91) for i in range(n)]
listB = [chr(random.randrange(65, 91)) for i in range(n)]
print(listA)
listC = listA + listB + listA*2
print(listC)
# 根据索引提取列表元素（Slicing）
print(listC[3])       # 返回索引值为 3 的元素值
print(listC[:])       # 相当于返回整个列表
print(listC[5:])      # 从索引为 5 的值开始直到末尾
print(listC[:3])      # 从索引 0 开始，直到索引 3 之前（不包括索引 3）
print(listC[2:6])     # 从索引 2 开始，直到索引 6 之前（不包括索引 6）
# 根据索引删除列表元素
del(listC[3])
print(listC)

del(listC[5:8])
print(listC)
# 根据索引替换列表元素
listC[1:5:2] = ['a', 2]
print(listC)
```

运行结果为：

```
[80, 75, 90]
[80, 75, 90, 'J', 'X', 'R', 80, 75, 90, 80, 75, 90]
J
[80, 75, 90, 'J', 'X', 'R', 80, 75, 90, 80, 75, 90]
['R', 80, 75, 90, 80, 75, 90]
```

```
[80, 75, 90]
[90, 'J', 'X', 'R']
[80, 75, 90, 'X', 'R', 80, 75, 90, 80, 75, 90]
[80, 75, 90, 'X', 'R', 80, 75, 90]
[80, 'a', 90, 2, 'R', 80, 75, 90]
```

6.6 元组

在完整掌握列表的创建与操作之后，再理解元组就容易了，因为它们之间的主要区别只有两个：
- 列表是可变的有序容器，元组是不可变的有序容器；
- 列表用方括号标识，元组用圆括号标识。

创建一个元组的时候，用圆括号：

```
t = ()
```

如此就创建了一个空元组。多个元素之间用逗号分隔。在本挑战中，每一对点的坐标就是一个元组。元组是不可变序列，所以，不能从其中删除元素。但是，可以在末尾追加元素。所以，严格意义上，对元组来讲，"不可变"的意思是指当前已有部分不可变。

初学者总是很好奇列表和元组的区别。首先是使用场景不同，如果容器中的数据将来需要更改，应创建列表，否则创建元组。其次，从计算机的角度来看，元组相对于列表占用更小的内存，空间效率更高。可以做一个如下的小实验。

代码如下：

```python
from IPython.core.interactiveshell import InteractiveShell
InteractiveShell.ast_node_interactivity = "all"

numbers = range(1000000)

tNumbers = tuple(numbers)   # 把 numbers 转换成元组
lNumbers = list(numbers)    # 把 numbers 转换成列表
# __sizeof__() 函数返回调用对象占用的内存大小（以字节为单位）
numbers.__sizeof__()
tNumbers.__sizeof__()
lNumbers.__sizeof__()
```

运行结果为：

```
48
8000024
9000088
```

6.7 集合

集合容器类型与列表的不同之处在于，首先它不能包含重复元素，其次它是无序的，这两点特性与数学上的集合是一致的。进而，集合又分为两种：可变的和不可变的。集合用花括号把元素括起来，用逗号把元素隔开。

```
primes = {2, 3, 5, 7, 11, 13, 17}  # 创建了一个名为"primes"的素数的集合
```

注意：创建空集合的时候，必须使用函数 set( )，而不能用花括号，也可以将序列数据转换（Casting）为集合。转换后，返回的是一个已去重的集合。示例代码及运行结果如下。

代码如下：

```python
from IPython.core.interactiveshell import InteractiveShell
InteractiveShell.ast_node_interactivity = "all"
# 将序列类型数据转换成集合，就相当于去重
a = "abcabcdeabcdbcdef"
b = range(10)
c = [1, 2, 2, 3, 3, 1]
d = ('a', 'b', 'e', 'b', 'a')
set(a)
set(b)
set(c)
set(d)
```

运行结果为：

```
{'a', 'b', 'c', 'd', 'e', 'f'}
{0, 1, 2, 3, 4, 5, 6, 7, 8, 9}
{1, 2, 3}
{'a', 'b', 'e'}
```

6.8 字典

字典是 Python 中唯一一种映射（Map）容器。字典中的每个元素均由两部分组成——键（Key）和值（Value），二者由一个冒号连接。例如，'age':42 这个字典元素，键是 'age'，值是 42。字典直接使用键作为索引，并映射到与它匹配的值。

在同一个字典中，键都是唯一的。当创建字典的时候，如果其中有重复键，就像集合那样会被自动去重（保留的是众多重复键中的最后一个）。字典数据类型之所以被称为映射，是因为字典中的键都映射且只映射到一个对应的值上。请阅读思考如下示例代码及运行结果。

代码如下：

```python
contacts = {"张三":"131111111111", "李四":"13444444444", "王五":"13555555555", "张三":"13333333333"}
print(contacts)
contacts.update({"赵六":"13666666666"}) # 增加一个元素
print(contacts)
del(contacts["赵六"]) # 删除某个元素
print(contacts)
contacts["张三"] = "131111111111" # 修改某个元素
print(contacts)
```

运行结果为：

```
{'张三': '13333333333', '李四': '13444444444', '王五': '13555555555'}
{'张三': '13333333333', '李四': '13444444444', '王五': '13555555555', '赵六': '13666666666'}
{'张三': '13333333333', '李四': '13444444444', '王五': '13555555555'}
{'张三': '131111111111', '李四': '13444444444', '王五': '13555555555'}
```

如果希望迭代字典中的元素，可以使用以下两种方法。

```python
for key in contacts: # 方法 1
    print(key, contacts[key])
for key, value in contacts.items(): # 方法 2
    print(key, value)
```

小贴士

更多关于字典的介绍，感兴趣的读者可以参见官网文档，地址为 https://docs.python.org/3/tutorial/datastructures.html#dictionaries。

6.9 小结

本次挑战中，作者通过"画家的礼物"挑战，引入了容器的知识点，希望各位读者能够掌握 Python 中常用容器的使用方法，具体包括：

- 列表；
- 元组；
- 集合；
- 字典。

数据容器是现代程序设计中重要的基础设施。容器用于存放数据，一个容器中可以存放很多的数据，并随着数据不断加入容器，容器自身会逐渐变大。容器的大小只受计算机本身的限制。

序列是一大类容器的统称，这类容器中的每个数据都被分配了一个序号，通过这个序号可以访问其中的每个数据，这个序号被称为索引或下标。序列中的第一个索引是 0，第二个是 1，以此类推。

索引从 0 开始是编程语言的传统，也是为了 Python 解释器自身的方便，但是会给初学者带来一些困扰。当有人说某个序列第一个数据的时候，到底指的是索引为 0 的那个还是索引为 1 的那个呢？所以，有些时候，可以用第 1 号数据（即索引为 1）的方式来更明确地表达。

6.10 巩固练习

1. 阅读如下 Python 代码，写出运行结果，体会列表及其各种内建函数的用法。
代码如下：

```python
nineFruits = "苹果 桔子 香蕉 草莓 西瓜 菠萝"
print("九种水果还缺三个？我们一起来修复这个Bug。")
fruits = nineFruits.split(" ")  # 将字符串中以空格分隔的元素依次放入列表中
moreFruits = ["榴莲", "葡萄", "桃子", "梨子", "李子"]

while len(fruits) < 9:
    oneMore = moreFruits.pop()  # 移除列表中一个元素（默认最后一个元素），并且返回该元素的值
    print("再添加一种水果：", oneMore)
    fruits.append(oneMore)  # 追加一个元素到列表
    print(f"现在已有{len(fruits)}种水果。")
print(fruits)
```

2. 请编写一个 Python 程序，通过字典容器，将中国的省、自治区、直辖市的名称与其简称映射起来，然后允许用户通过输入省、自治区、直辖市的名称来查询其对应的简称。例如，当用户输入"浙江"时，程序输出简称"浙"。

3. 一个合法的身份证号码由 17 位地区、日期和顺序编号加上 1 位校验码 M 构成。校验码 M 的计算规则如下：

- 首先对前 17 位数字加权求和，权重分配为 {7,9,10,5,8,4,2,1,6,3,7,9,10,5,8,4,2}。
- 然后将求出的和对 11 取模，得到值 Z。
- 最后按照以下对应关系从 Z 值计算出校验码 M 的值。

Z：0 1 2 3 4 5 6 7 8 9 10 > * M：1 0 X 9 8 7 6 5 4 3 2

请编写一个 Python 程序，接收用户输入的一个身份证号码，判断此号码的校验码的有效性。注意，只需判断校验码，无须判断出生地、生日等信息的正确性。

CHALLENGE 07 统计首字母频率 —— 文件

7.1 挑战描述

字母频率指的是各个字母在文本中出现的频率，常被应用于密码学，尤其是可破解古典密码的频率分析。例如，在英语中常见的字母是 e。字母频率以及词频统计常用于情报检索与文本挖掘等领域。

本挑战中，首先需要从 GitHub 网站上下载一个文本文件（地址为 https://github.com/dwyl/english-words/blob/master/words_alpha.txt），该文件中包含了三十余万个常用英文单词，每个一行，全部为小写字母。然后编写一个 Python 程序，依次统计首字母为 a ~ z 的单词的数量以及文件中全部的单词数量。

> **小贴士**　作为开源代码库以及版本控制系统，GitHub 拥有超过 900 万开发者用户。随着越来越多的应用程序转移到了云上，GitHub 已经成为了管理软件开发以及发现已有代码的首选方法。2018 年 6 月 4 日，微软公司宣布通过 75 亿美元的股票交易收购 GitHub。

7.2 解题思路

可以尝试使用上一个挑战中刚刚学习的字典容器，结合文件操作来解决这个问题，假设下载好的文本文件名为"words.txt"，且与本挑战 Python 代码在同一个目录中。使用自然语言描述"统计首字母频率"挑战的算法，其步骤如下。

❶ 初始化记录单词总数量的变量 cnt 为 0。
❷ 创建记录统计结果的字典 result，共有 26 个键值对，键从 a ~ z，值全部初始化为 0。
❸ 以只读方式打开文件"words.txt"。
❹ 遍历文件中的每行单词，首先将 cnt 加 1，然后将以该单词首字母为键的 result 中的值也加 1。
❺ 依次输出 result 中的统计结果和单词总数量 cnt。

7.3 编程实现

请读者在 Anaconda 环境中，启动 JupyterLab 工具，新建一个 Notebook，并将文件名设置为"统计常用英文单词.ipynb"，然后保存，接下来开始编写 Python 代码，示例代码及运行结果如下。

代码如下：

CHALLENGE 07
统计首字母频率 —— 文件

```
'''
作者：Syman
名称："统计首字母频率"示例程序
'''
cnt = 0 # 记录单词总数
result = {"a":0,"b":0,"c":0,"d":0,"e":0,"f":0,"g":0,"h":0,"i":0,"j":0,
         "k":0,"l":0,"m":0,"n":0,"o":0,"p":0,"q":0,"r":0,"s":0,"t":0,"u":0,
         "v":0,"w":0,"x":0,"y":0,"z":0}
with open("words.txt", "r") as file: # 以只读方式打开文件
    for word in file.readlines(): # 读文件的每行
        cnt += 1
        result[word[0]] += 1 # 将以当前单词首字母为键的 result 中的值加 1
for key in result: # 遍历字典 result
    print(f"字母 '{key}' 开头的单词数有 {result[key]} 个 ", end=", ")
print(f"共有 {cnt} 个英文单词。")
```

运行结果为：

字母 'a' 开头的单词数有 25417 个，字母 'b' 开头的单词数有 18413 个，字母 'c' 开头的单词数有 32106 个，字母 'd' 开头的单词数有 18733 个，字母 'e' 开头的单词数有 14197 个，字母 'f' 开头的单词数有 11893 个，字母 'g' 开头的单词数有 10953 个，字母 'h' 开头的单词数有 13743 个，字母 'i' 开头的单词数有 13199 个，字母 'j' 开头的单词数有 2840 个，字母 'k' 开头的单词数有 3952 个，字母 'l' 开头的单词数有 10002 个，字母 'm' 开头的单词数有 19805 个，字母 'n' 开头的单词数有 13458 个，字母 'o' 开头的单词数有 12681 个，字母 'p' 开头的单词数有 34860 个，字母 'q' 开头的单词数有 1793 个，字母 'r' 开头的单词数有 16783 个，字母 's' 开头的单词数有 38761 个，字母 't' 开头的单词数有 18818 个，字母 'u' 开头的单词数有 22767 个，字母 'v' 开头的单词数有 5329 个，字母 'w' 开头的单词数有 6559 个，字母 'x' 开头的单词数有 507 个，字母 'y' 开头的单词数有 1143 个，字母 'z' 开头的单词数有 1387 个，共有 370099 个英文单词。

7.4 文件

在上一个挑战中，我们已经接触过图像文件。文件（File）是存储在某种长期储存设备上的一段数据流。所谓"长期储存设备"一般指磁盘、光盘、磁带等，其特点是所存信息可以长期、多次使用，不会因为断电而消失。文件是由软件程序创建的，而且符合特定的文件格式。

1. 操作文件

操作一个文件最简单的方式就是使用 Python 的内建函数 open()（官方文档地址为 https://docs.python.org/3/library/functions.html#open ），最常用的形式为 open(file, mode="r")，其

中第一个参数指定操作文件的路径和文件名，第二个参数 mode 的默认值是 "r"，可用的 mode 参数取值如表 7-1 所示。

表 7-1 mode 参数取值

参数字符	意义
'r'	只读模式
'w'	写入模式（重建）
'x'	排他模式 —— 如果文件已存在，则打开失败
'a'	追加模式 —— 在已有文件末尾追加
'b'	二进制文件模式
't'	文本文件模式
'+'	读写模式（更新）

创建一个新文件可用以下语句：

```python
open("/tmp/testFile.txt", "w")
```

更多场景下，程序员会把 open( ) 函数的返回值保存到一个变量中，以便后面调用其中的各种命令。

代码如下：

```python
f = open("/tmp/testFile.txt", "w")
print(f.name) # 打印文件名
f.close() # 关闭该文件
```

2. 删除文件

删除一个文件需要引入 os 模块。在执行删除文件操作之前，要先确认这个文件是否存在，否则删除命令会失败。

代码如下：

```python
import os

f = open("/tmp/testFile.txt", "w")
print(f.name)
f.close() # 关闭该文件，否则无法删除文件
if os.path.exists(f.name): # 判断文件是否存在
    os.remove(f.name)
    print(f"文件：{f.name} 删除成功。")
else:
    print(f"文件：{f.name} 不存在！")
```

CHALLENGE 07
统计首字母频率 —— 文件

3. 读写文件

创建文件之后，可以使用 write( ) 函数把数据写入文件，也可以使用 read( ) 函数读取数据。

代码如下：

```
f = open("/tmp/testFile.txt", "w")
f.write("第一行…\n第二行…\n第三行…\n")
f.close()

f = open("/tmp/testFile.txt", "r")
str = f.read()
print(str)
f.close()
```

当文件有很多行的时候（如本挑战中的文本文件），也可以用 readline( ) 函数，每次调用都会返回文件中新的一行。

4. with 语句

针对文件操作，Python 中有个特殊的语句 with，更便于阅读。

代码如下。

```
with open(…) as f:
    f.write(…)
    …
```

这样就可以把针对当前以特定模式打开的某个文件的各种操作都写进同一个语句块了。同时，使用 with 语句的另外一个附加好处就是不用再写 file.close( )。

小贴士

内存和资源泄露会导致程序运行速度减慢甚至系统崩溃等严重后果，所以在程序设计过程中，一个良好的编程习惯是始终牢记"申请的用完要释放，打开的用完要关闭"。

7.5 小结

本次挑战中，作者通过"统计首字母频率"挑战，引入了文件的知识点，希望各位读者能够掌握 Python 中文件的常用操作方法，具体包括：

- 文件的创建；
- 文件的删除；
- 文件的读写；
- with 语句。

计算机文件可分为两种：二进制文件和文本文件。图形图像、音频视频、电子表格等文件都属于二进制文件，这些文件均含有特殊的格式和编码；文本文件则是以 ASCII 或

Unicode 方式存储的、可以直接阅读的文件。所有文件的存储在物理上都是二进制的，所以二进制文件和文本文件的区别并不是物理上的，而是逻辑上的，这两者只在编码层次上有所差异。

7.6 巩固练习

1. 请编写一个 Python 程序，将本挑战中下载的文本文件中的所有小写字母转换为大写字母，并保存在文件"wordsCapital.txt"中。

2. 自动完成功能是指用户在输入一个字符串的部分内容时，就提供下拉菜单自动推荐相关常用字符串供用户选择，以实现快速输入的功能。请基于本挑战中下载的文本文件，请编写一个 Python 程序，实现自动完成功能，根据用户输入的英文单词前缀，输出文件中所有匹配的单词，每个推荐单词占一行。

中 篇
算法基础

CHALLENGE

08 查找单词 —— 二分查找算法与时间复杂度

8.1 挑战描述

算法（Algorithm）是指对解题方案的准确而完整的描述，是一系列解决问题的清晰指令，算法代表用系统的方法描述解决问题的策略机制。也就是说，能够对一定规范的输入，在有限时间内获得所要求的输出。如果一个算法有缺陷，或不适合于某个问题，执行这个算法将不会解决这个问题。不同的算法可能用不同的时间、空间或效率来完成同样的任务。与传统介绍算法的书籍不同，本书中篇将着重介绍 8 种算法，选取的原则是要么运行速度快，要么具有趣味性，要么能解决实际问题，或者兼而有之。所有的算法全部使用 Python 描述与实现。

在开始本挑战之前，请读者先思考如下问题。假设要在一本英文字典中找一个以字母 L 开头的单词，我们可以从第一页开始翻页，直到找到为止。但很可能不会这样做，而是直接翻到字典的中间位置，然后前后查找，因为我们知道以字母 L 开头的单词在字典中间位置。又假设要登录自己的电子邮箱，输入了用户名 Lion 和密码，电子邮箱网站首先需要在其数据库中验证用户名是否存在，以判断是否为一个合法用户。网站可以从以 A 开头的用户名开始查找，但更高效的做法是从中间位置开始查找，这样速度会更快，尤其是当数据库中存储了海量的用户名时。

本挑战需要继续使用挑战 7 中下载的包含三十多万个英文单词的文本文件（"words.txt"），我们需要设计一个算法，用尽可能快的响应速度，判断用户输入的一个单词是否在文件之中。

8.2 解题思路

前面所述情况以及本挑战都是查找问题，可以使用同一种算法来解决，这种算法就是二分查找。二分查找也称折半查找（Binary Search），它是一种效率较高的查找方法。但是，二分查找算法要求输入的是一个有序的元素列表（有序的原因稍后解释）。如果要查找的元素包含在列表中，二分查找算法返回其位置；否则返回"元素不存在"。

二分查找算法的基本思想是：假设序列中元素是按从小到大的顺序排列的，首先将序列中间位置的元素与查找值比较，如果两者相等，则查找成功；否则利用中间位置元素将序列分成前、后两个子序列，如果中间位置元素大于查找值，则进一步查找前一子序列，否则进一步查找后一子序列。重复以上过程，直到找到满足条件的元素，则查找成功，或直到子序列不存在为止，此时查找不成功。其中，中间位置的计算公式如下（结果向下取整）：

CHALLENGE 08
查找单词 —— 二分查找算法与时间复杂度

中间位置 ≈ [(结束位置 − 起始位置) ÷ 2] + 起始位置

我们用一幅漫画来演示二分查找算法的工作过程，漫画中小明同学在倒扣的纸杯中查找带有五角星的卡片，假设所有卡片都已经按照重量从小到大排好序，如图 8-1 所示。

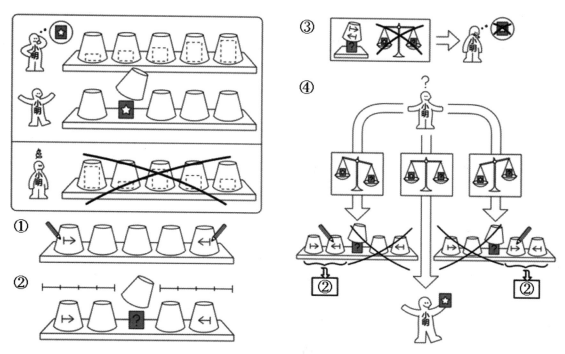

图 8-1 二分查找算法的工作过程

使用自然语言描述"查找单词"挑战的算法，其步骤如下。

❶ 从文件中读入英文单词列表（文件中全部单词是有序的），并根据总数量计算出一个中间位置。

❷ 如果查找的单词等于中间位置的元素，则查找成功，返回中间位置。

❸ 如果查找的单词小于中间位置的元素，就在列表的前半部分中继续查找。

❹ 如果查找的单词大于中间位置的元素，就在列表的后半部分中继续查找。

❺ 重复以上步骤，直到待查找序列的起始位置大于结束位置，则查找失败。

算法流程图如图 8-2 所示。

8.3 编程实现

请读者在 Anaconda 环境中，启动 JupyterLab 工具，新建一个 Notebook，并将文件名设置为"查找单词.ipynb"，然后保存，接下来开始编写 Python 代码，示例代码及运行结果如下。

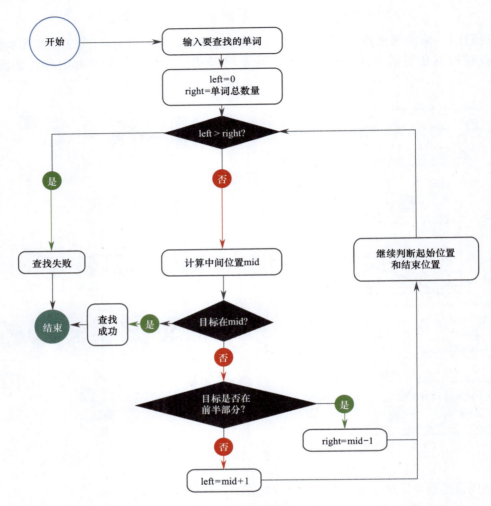

图 8-2 查找单词流程图

代码如下：

```
'''
作者：Syman
名称："查找单词"示例程序
'''
target = input("请输入要查找的单词：")
# 定义二分查找算法函数
def binarySearch(words):
    left = 0
    right = len(words) - 1
    while left <= right:
        mid = (right-left)//2 + left
        if target+"\n" == words[mid]:
```

CHALLENGE 08
查找单词——二分查找算法与时间复杂度

```
            return mid
        elif target < words[mid]:
            right = mid - 1
        else:
            left = mid + 1
    return -1
# 打开文本文件，调用二分查找算法函数，输出结果
with open("words.txt", "r") as file: # 以只读方式打开文件
    allWords = file.readlines()
    pos = binarySearch(allWords)
    if (pos == -1):
        print("查找失败！")
    else:
        print(f"单词 {target} 是列表的第 {pos} 号元素。")
```

运行结果为：

```
请输入要查找的单词：python
单词 python 是列表的第 256220 号元素。
```

接下来使用 JupyterLab 中的魔法命令 %%timeit，对二分查找算法与普通的按序查找算法分别进行性能测量。

代码如下：

```
target = "python" # 以查找单词"python"为测试用例
allWords = []
with open("words.txt", "r") as file: # 以只读方式打开文件
    allWords = file.readlines()
```

代码如下：

```
%%timeit # 魔法命令
# 定义二分查找算法函数
def binarySearch(words):
    left = 0
    right = len(words) - 1
    while left <= right:
        mid = (right-left)//2 + left
        if target+"\n" == words[mid]:
            return mid
        elif target < words[mid]:
            right = mid - 1
        else:
```

```
            left = mid + 1
    return -1

binarySearch(allWords)  # 执行测试
```

运行结果为：

```
6.5 µs ± 146 ns per loop (mean ± std. dev. of 7 runs, 100000 loops each)
```

代码如下：

```
%%timeit  # 魔法命令
# 定义普通的按序查找函数
def ordinalSearch(words):
    for index in range(len(words)):
        if target+"\n" == words[index]:
            return index
    return -1

ordinalSearch(allWords)  # 执行测试
```

运行结果为：

```
34.3 ms ± 246 µs per loop (mean ± std. dev. of 7 runs, 10 loops each)
```

从以上测试结果可以看出，二分查找算法查找单词"python"平均用时为 6.5 微秒，而普通的按序查找算法平均用时为 34.3 微秒，两者相差了几个数量级，二分查找算法完胜。这是因为，按序查找算法需要搜索 256221 次才能定位到"python"，而二分查找算法仅需要执行 19 次，变量 mid 的搜索路径依次为 185048 → 277573 → 231310 → 254441 → 266007 → 260224 → 257332 → 255886 → 256609 → 256247 → 256066 → 256156 → 256201 → 256224 → 256212 → 256218 → 256221 → 256219 → 256220。假设一个有序序列的元素个数为 n，那么在最坏情况下，按序查找算法需要 n 步，而二分查找算法仅需要 $\log(n)$ 步。

> **小贴士**：在 JupyterLab 中执行魔法命令 %%timeit 可以非常方便地测试一个代码段的执行时间，使用该命令的方法也非常简单，只需将其写在要测试的代码段的首行即可。完整的魔法命令文档请参照：https://ipython.readthedocs.io/en/stable/interactive/magics.html。

8.4 程序的性能

程序的性能是指运行程序所需要的时间和内存的多少，时间代表着速度有多快，内存代表着占用空间有多小。有两种方法来衡量一个程序的性能：一个是分析方法；另一个是实验方法。在性能分析（Performance Analysis）时，采用分析方法；而在性能测量

（Performance Measurement）时，使用实验方法，例如，上面对二分查找算法与普通的按序查找算法进行的就是实验方法。

程序的性能很大程度上依赖于所采用的算法，从这个意义上讲，算法是程序的灵魂。运行时间和占用空间是衡量算法性能最关键的两个指标，可以比较它们的实际值，例如，可以利用计时工具来查看运行时间，可以利用操作系统中的相关工具查看占用空间。从效率观点看，高效的算法意味其执行过程消耗的机器资源较少，而计算机系统最核心和宝贵的部件就是 CPU 和内存，那么肯定会要求算法的执行过程应尽量少占用 CPU 和内存。

不过，这两个具体且"实际"的指标值却是不"实用"的性能指标，一方面，不同的计算机由于性能各异造成指标值不同；另一方面，这些指标值随着输入数据的不同而相差较大。显然，可以在某些条件上给出具体的指标值，但这无法适用于所有情况。鉴于此，使用理论分析工具是必然的，如今此方面的研究已经成为算法分析（Algorithm Analysis）领域的热点。

算法分析一般是理论上的，它可以在算法运行之前进行预判，也可以在算法运行之后进行总结改进，但算法分析代替不了实际的性能测量，必须在真正的计算机上利用实际的编译器得到可执行的代码运行，根据实测效果进行优化并重新给出更精准的分析，这样才能达到最佳的效果。在算法分析中，对于运行时间和占用空间使用如下两个指标进行分析。

- 时间复杂度（Time Complexity），算法完全运行所需的运算时间。
- 空间复杂度（Space Complexity），算法完全运行所需的存储空间。

以上两个指标衡量了算法的时空效率，为区分测试数据取值情况对性能分析带来的影响，可将时间复杂度和空间复杂度再加上一定的限制。

- 最坏情况下的时间 / 空间复杂度：对于指定问题规模量，输入遍取所有可能情况下时间 / 空间复杂度的最大值。
- 最好情况下的时间 / 空间复杂度：对于指定问题规模量，输入遍取所有可能情况下时间 / 空间复杂度的最小值。
- 平均情况下的时间 / 空间复杂度：对于指定问题规模量，输入遍取所有可能情况下时间 / 空间复杂度的数学期望，通常假设输入数据满足等概率分布。

相对于空间复杂度，时间复杂度指标更加重要，本书只介绍对时间复杂度的分析，空间复杂度的分析方法类似。一般情况下，时间复杂度均指最坏情况下的时间复杂度。

回到本挑战的二分查找算法，使用它可以节省多少时间呢？普通的按序查找算法逐个检查单词，如果有 100 个单词，最多要查找 100 次，如果有 40 亿个单词，最多需要查找 40 亿次，换言之，最坏情况下的时间复杂度与单词总数量相同，为线性关系；二分查找算法则不同，如果有 100 个单词，最多查 7 次，如果有 40 亿个单词，最多查 32 次，为对数关系。读者可以回忆一下，在"国王与米粒"挑战中，我们已经体会到了对数的威力，在本书的中篇也将经常使用对数概念。

8.5 大 O 表示法

算法中语句的执行次数称为时间频度，用 $T(n)$ 表示（n 为问题的规模）。时间频度的表示法略显复杂，为了更加直观，引入了时间复杂度的概念。设有一个辅助函数 $f(n)$，当

n 趋向于 ∞ 时,如果 $T(n)/f(n)$ 的极限值为不等于 0 的常数,则可用 $f(n)$ 替代 $T(n)$,记为 $T(n)=O(f(n))$,称为算法的渐进时间复杂度。

大 O 表示法只关心算法中最耗时的部分,舍去常数部分,通常用简单的函数来表示。例如,假设某算法计算得到时间频度 $T(n)=5n^3+2n^2+n$,则它的时间复杂度为 $O(n^3)$,因为当 n 趋向于 ∞ 时,$(5n^3+2n^2+n)/n^3=5$,为不等于 0 的常数。按效率从高到低,大 O 表示法下的常见的时间复杂度如表 8-1 所示。

表 8-1 常见的时间复杂度

常数阶	对数阶	线性阶	线性对数阶	平方阶	立方阶	指数阶	阶乘阶
$O(1)$	$O(\log n)$	$O(n)$	$O(n\log n)$	$O(n^2)$	$O(n^3)$	$O(2^n)$	$O(n!)$

举例描述时间复杂度的计算过程,示例代码及运行结果如下。

代码如下:

```
%%timeit
n = 2 ** 12
x = 0
y = 0
# 语句1
for i in range(n):
    for j in range(n):
        x += 1
# 语句2
for i in range(n):
    y += 1
# 语句3
while n > 0:
    n = n//2
```

运行结果为:

```
1.18 s ± 22.9 ms per loop (mean ± std. dev. of 7 runs, 1 loop each)
```

上面代码中,语句 1 执行了 $T(n) = n^2$ 次,语句 2 执行了 $T(n) = n$ 次,语句 3 执行了 $T(n) = \log(n)$ 次,则 $T(n)=n^2+n+\log(n)$,取其中最耗时部分,则时间复杂度为 $O(n^2)$。

再回过头去分析,本挑战中二分查找算法与普通按序查找算法的时间复杂度分别为 $O(\log n)$ 与 $O(n)$。

8.6 小结

本次挑战中,作者通过"查找单词"挑战,引入了二分查找算法和时间复杂度的知识点,希望各位读者能够掌握二分查找算法和算法分析的基本思想,具体包括:

- 二分查找算法；
- 程序的性能；
- 大 O 表示法。

通过实验测量和算法分析，我们知道了二分查找算法的速度比普通按序查找算法快得多，也知道了"快"这个指标可以用时间复杂度来衡量，用大 O 表示法来表示。在谈论算法的速度时，我们说的是随着输入的增加，其运行时间将以什么样的速度增加，算法的速度指的并非时间，而是操作数的增速。

8.7 巩固练习

1. 请将本书挑战 1 中的"猜数字"问题升级，使用二分查找算法编写一个 Python 程序，猜一猜计算机随机给出的一个 1 到 1000 之间的整数是什么。要求：如果猜大了，程序输出"猜大了"；如果猜小了，程序输出"猜小了"；如果正确，程序输出"猜对了"。

2. 使用大 O 表示法求下述各种场景的时间复杂度。
- 在电话黄页簿中根据姓名查找电话号码。
- 在电话黄页簿中根据电话号码找人（提示：电话黄页簿是按照姓名排序的）。
- 阅读电话黄页簿中每个人的电话号码。

09 汉诺塔问题 —— 递归与合并排序

9.1 挑战描述

汉诺塔（又称河内塔）问题是源于印度一个古老传说的益智游戏。大梵天创造世界的时候做了三根金刚石柱子，在其中一根柱子上，从下向上按照从大到小顺序摆放 64 片黄金圆盘。大梵天命令婆罗门把所有圆盘挪到另一根柱子上，并且规定：小圆盘上不能放大圆盘，且一次只能移动一个圆盘，如图 9-1 所示。请读者用 Python 编写一个程序，用计算机来模拟移动圆盘的过程，程序接收用户的输入 n（表示圆盘数量），输出每一步的移动操作。

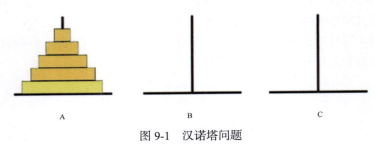

图 9-1 汉诺塔问题

9.2 解题思路

编程之所以难学，除前文提过的存在过多"前置引用"之外，还有个原因是编程是面向解决实际问题的，而现实中的问题往往错综复杂。其实大多数问题不是"难"，而是"繁杂程度不一"，一个复杂的大问题基本上都是由许多简单的小问题构成的。很多学习者败下阵来，往往是因为不懂得任务拆解，或者仅仅是因为怕麻烦而已。所以，任务拆解能力是学好编程最重要的底层能力之一，要学会把那些复杂的任务无限拆分，使每个子任务都很小，小到可以直接操作为止。

汉诺塔问题的解法有很多，但是我们总希望能用最优解法来解决问题。本挑战看似复杂，其实仔细分析会发现不管 n（圆盘数量）是多少，都可以拆解为三个步骤，如图 9-2 所示。

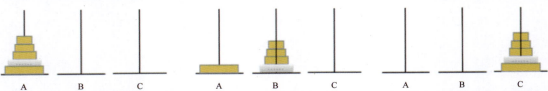

图 9-2 汉诺塔解题步骤

对于图 9-2 中的步骤②，可以一步实现，关键是步骤①和步骤③该如何处理？答案是继续向下拆解。观察发现，如果忽略柱子的编号，步骤①与步骤③其实是两个等价的问题，只要能解决一个就能解决另一个。对于步骤①（移动 n-1 个盘子），会发现它其实是原问题（移动 n 个盘子）的一个子问题，可以重复套用原问题的三个拆解步骤，并以此类推，直到可以一步操作为止。

9.3 编程实现

请读者在 Anaconda 环境中，启动 JupyterLab 工具，新建一个 Notebook，并将文件名设置为"汉诺塔问题 .ipynb"，然后保存，接下来开始编写 Python 代码，示例代码及运行结果如下。

代码如下：

```python
'''
作者：Syman
名称："汉诺塔问题"示例程序
'''
# 将 n 个盘子，从 NO1 柱移动到 NO3 柱，借助 NO2 柱
def move(n, NO1, NO2, NO3):
    if n == 1: # 仅有一个盘子，只需移动它即可
        print(f"{NO1} 柱顶盘子→ {NO3} 柱 ", end="  ")
        return
    move(n-1, NO1, NO3, NO2)    # 步骤①：把 n-1 个盘子从 NO1 移动到 NO2
    move(1, NO1, NO2, NO3)      # 步骤②：把剩下的 1 个盘子从 NO1 直接移动到 NO3
    move(n-1, NO2, NO1, NO3)    # 步骤③：把 n-1 个盘子从 NO2 移动到 NO3

n = int(input("请输入盘子数量："))
move(n, 'A', 'B', 'C')
```

运行结果为：

```
请输入盘子数量：5
A柱顶盘子→C柱   A柱顶盘子→B柱   C柱顶盘子→B柱   A柱顶盘子→C柱   B柱顶盘子→
A柱   B柱顶盘子→C柱   A柱顶盘子→C柱   A柱顶盘子→B柱   C柱顶盘子→B柱   C柱顶盘子
→A柱   B柱顶盘子→A柱   C柱顶盘子→B柱   A柱顶盘子→B柱   A柱顶盘子→C柱   C柱顶
盘子→B柱   A柱顶盘子→C柱   B柱顶盘子→A柱   B柱顶盘子→C柱   A柱顶盘子→C柱   B
柱顶盘子→A柱   C柱顶盘子→B柱   C柱顶盘子→A柱   B柱顶盘子→A柱   B柱顶盘子→C柱
A柱顶盘子→C柱   A柱顶盘子→B柱   C柱顶盘子→B柱   A柱顶盘子→C柱   B柱顶盘子→A柱
B柱顶盘子→C柱   A柱顶盘子→C柱
```

以上程序非常短小，但细心的读者会发现在函数 move( ) 中又调用了自身，这种解决问题的方式称为递归。递归是函数中理解门槛比较高的概念，又极具实用价值，接下来将详细介绍编程中的递归。

9.4 递归

先来看一个计算自然数 *n* 的阶乘（Factorial）的例子。
代码如下：

```python
def factorial(n):
    if n == 1:  # 基线条件
        return 1
    else:  # 递归条件
        return n * factorial(n-1)  # 调用自身

print(factorial(100))  # 计算 100 的阶乘并输出
```

运行结果为：

93326215443944152681699238856266700490715968264381621468592963895217599993229915608941463976156518286253697920827223758251185210916864000000000000000000000000

可以看到，在上述计算阶乘和"汉诺塔"问题的示例代码中，函数内部都调用了其自身。这种调用自身的编程技巧称为递归。递归作为一种算法在编程语言中广泛应用，它是一个函数在其定义中直接或间接调用自身的方法。递归通常把一个大型复杂的问题层层转化为一个与原问题相似的规模较小的问题来求解，递归策略只需少量的程序就可以描述出解题过程所需要的多次重复计算，大大减少了编程代码量。递归的能力在于用有限的语句来定义对象的无限集合。一般来说，递归需要有边界条件、递归前进段和递归返回段。当边界条件不满足时，递归前进；当边界条件满足时，递归返回。

1. 递归的执行过程

表 9-1 以计算 5 的阶乘为例演示了递归函数的执行过程。

表 9-1 factorial(5) 的执行过程

执行顺序	factorial(5)	factorial(4)	factorial(3)	factorial(2)	factorial(1)
第①步	5 > 1 →				
第②步		4 > 1 →			
第③步			3 > 1 →		
第④步				2 > 1 →	
第⑤步					1 == 1 ↓
第⑥步					← return 1

（续表）

执行顺序	factorial(5)	factorial(4)	factorial(3)	factorial(2)	factorial(1)
第⑦步				← return 2*factorial(1)	
第⑧步			← return 3*factorial(2)		
第⑨步		← return 4*factorial(3)			
第⑩步	← return 5*factorial(4)				

计算机内部使用调用栈（Stack，简称栈）来实现递归，在调用任何函数时，主程序都必须暂存函数运行完后应该返回的地址。因此，如果被调用的函数还要调用其他的函数，其自身的返回地址就必须存入栈，在其自身运行完后再取回。在递归程序中，每一层次递归都必须在栈上增加一条地址，因此如果程序出现无限递归（或仅仅是过多的递归层次），栈就会产生溢出。使用栈虽然很方便，但也要付出代价：为保存上下文信息，每个函数调用都要占用一定的内存。如果栈很高，就意味着计算机存储了大量函数调用的信息，因此，相对其他常用算法，递归的运行效率较低。

> **小贴士** 在 Python 中可以通过列表容器的 append( ) 和 pop( ) 方法来模拟栈，相关文档请参照：https://docs.python.org/3/tutorial/datastructures.html?highlight=stack#using-lists-as-stacks。

2. 递归实现原则

要实现一个有用、有效的递归函数，需遵循以下三个原则。
- 原则一：根据定义，递归函数必须在内部直接或间接调用自身。
- 原则二：必须设定一个基线条件，告诉递归函数何时停止，避免无限递归。
- 原则三：必须设定一个递归条件，递归过程必须不断前进，最终能够逐步达到基线条件。

根据以上三个原则，汉诺塔问题中的 move( ) 函数和阶乘计算中的 factorial( ) 函数都是合格有效的递归函数。

9.5 合并排序

在挑战 8 中已经学习过，二分查找算法的前提是搜索序列是有序的。事实上，"有序"是大多数搜索查找算法的前置条件，排序是计算机内经常进行的一种操作，其目的是将一组"无序"的序列调整为"有序"。例如，我们在淘宝上按照评价好坏的顺序查看某一类商品，都会使用到排序算法。

排序算法是计算机技术中最基本的算法，许多复杂算法都会用到排序。尽管在主流编程语言中，各种排序算法都已被封装成库函数供程序员使用，但了解排序算法的思想和原理，对于编写高质量的软件，具有非常重要的价值。排序又分为内部排序和外部排序，内部排序是指排序工作全部在内存完成；外部排序是指对大数据的排序，当待排序的数据很大，无法将整个文件的所有记录同时调入内存时，只能将数据存放在外存的文件中，然后将文件分解成多个能够一次性装入内存的部分，分别把每一部分调入内存完成排序。

合并排序算法是一类采用分而治之策略的重要外部排序算法。其基本思想是将需要排序的序列以递归方式分成数量大致相等的两个子序列，分别给两个子序列排序，再不断地将两个排好序的子序列合并成一个序列，最终形成一个有序序列，合并排序算法的时间复杂度为 $O(n\log n)$，其工作过程如图 9-3 所示。

图 9-3　合并排序算法的工作过程

合并排序算法的核心思想就是将两个有序序列合并成一个有序序列。对于一个未排序的序列怎样产生两个已排序的序列呢？其实就是应用递归思想，对序列不断分割，最终分割成多个只有一个元素的序列，只有一个元素的序列当然就是有序的了。然后再将这些序列进行两两合并，合并后的序列还是有序序列，这样再次进行两两合并，最终可以合并成一个有序序列，这样排序工作就完成了。综上所述，通用的合并排序算法可以总结为两个字："分"和"合"，先分后合。

合并排序完整示例代码及运行结果如下。

代码如下：

```
'''
作者：Syman
名称："合并排序"示例程序
'''
import random
# 合并列表 a 和列表 b
```

```python
def merge(a, b):
    result = []  # 合并后新列表
    indexA = indexB = 0
    while indexA<len(a) and indexB<len(b):
        if a[indexA] < b[indexB]:  # 先合并小的元素
            result.append(a[indexA])
            indexA += 1  # 下一个待合并元素
        else:
            result.append(b[indexB])
            indexB += 1  # 下一个待合并元素
    # 将列表 a 或列表 b 的剩余部分直接追加到 result
    if indexA == len(a):
        for i in b[indexB:]:  # 遍历列表 b 的剩余部分
            result.append(i)
    else:
        for i in a[indexA:]:  # 遍历列表 a 的剩余部分
            result.append(i)
    return result  # 返回新列表
# 对列表 data 进行合并排序
def mergeSort(data):
    if len(data) <= 1:
        return data
    mid = len(data) // 2
    # 根据 mid 拆分列表 data 为左、右半部分
    left = mergeSort(data[:mid])   # 递归调用排序左半部分
    right = mergeSort(data[mid:])  # 递归调用排序右半部分
    return merge(left, right)

randomList = []
for i in range(10):  # 生成一个长度为 10 的整型随机列表
    randomList.append(random.randint(0, 10000))
print(f"原序列:{randomList}\n排序后序列:{mergeSort(randomList)}")
```

运行结果为:

原序列:[4398, 9268, 9730, 470, 975, 9088, 3579, 9681, 7494, 4988]
排序后序列:[470, 975, 3579, 4398, 4988, 7494, 9088, 9268, 9681, 9730]

9.6 小结

本次挑战中,作者通过"汉诺塔"挑战,引入了递归策略和合并排序算法的知识点,

希望各位读者能够掌握递归和基于"分"与"合"的合并排序的基本思想，具体包括：
- 递归策略和执行过程；
- 递归实现原则；
- 内部排序和外部排序；
- 基于递归的合并排序算法。

本质上看，递归函数是为了方便程序员编程而设计的，并不是为了计算机的方便，给计算机的任务多一些或少一些，对它来讲无所谓，事实上，递归函数往往需要消耗更多的计算机资源。理论上讲，所有用递归函数能完成的任务，不用递归函数也能完成，只不过代码量会多一些，程序会繁杂一些。

所谓外部排序，是对外存中的数据进行排序（相对于内部排序而言），有了内部排序算法，为什么还需要外部排序？是因为有时外存中数据规模太大，内存存放不下。外部排序可以概括为一句话：将内存作为工作空间来辅助外存数据的排序。外部排序最常用的算法是合并排序，因为它不需要将全部的数据都读入内存就可以完成排序，因此，可以解决由于内存空间不足导致无法对大规模数据进行排序的问题。

9.7 巩固练习

1. 请编写一个 Python 程序，接收用户输入的一个字符串，基于递归算法打印出该字符串中字符的所有可能排列。例如，输入字符串"abc"，则输出由字符 a、b、c 所能排列出来的所有字符串"abc""acb""bac""bca""cab""cba"。

2. 请将本书挑战 8 中的"查找单词"问题升级，编写一个 Python 程序，先随机生成十万个由 a ~ z 组成的字符串并保存到"words2.txt"文件中，然后利用合并排序算法对文件数据进行排序，最后再利用二分查找算法查找用户输入的一个字符串是否在其中。

3. 请编写一个 Python 程序，先随机生成由一万个整数组成的序列，然后对其按如下规则排序。
- 奇数在前，偶数在后。
- 奇数按照从大到小排序。
- 偶数按照从小到大排序。

10 App 用户评价分析——快速排序

10.1 挑战描述

我们发现很多 App 希望用户进行点评，即便用户勾选了"不，谢谢"，它还是会再次出现。各类 App 的用户评论对其他用户成功下载 App 起着重要的参考作用，好评多的 App 可以轻而易举地获得新用户；而差评可能会让 App 下载量降低。因此可以说，用户评价影响 App 的成败。对开发者而言，得到用户反馈非常重要。此外，评论还会直接显示在应用商城界面中，对产品的下载量和使用量也起着非常关键的作用。而对用户而言，通过评论和评分可以直观地判定 App 的质量。众所周知，无论是买车、买电影票还是下载 App，他人的反馈对用户购买起着非同一般的作用。此外，如果某款 App 评分达到了 4 星及以上，则更容易受到潜在用户的青睐。

作者从苹果公司的"iTunes Search API"中提取出了 2017 年 7 月苹果应用商店（App Stores）中七千多个 App 的用户评价数量，保存在了文件"rating.txt"中（可在本书配套网站中下载），每行一个正整数，表示某个 App 的当月用户评价数量。请读者用 Python 编写一个程序，接收用户输入的一个排名 n，输出评价数量第 n 高的 App 的当月用户评价数量。

> 小贴士："iTunes Search API"的运行原理是使用关键词在用户的网站上搜索 iTunes Store、App Store、iBooks Store、Mac App Store 等苹果公司应用，具体相关文档请参照：https://developer.apple.com/library/archive/documentation/AudioVideo/Conceptual/iTuneSearchAPI/index.html。

10.2 解题思路

如果题目要求输出的是七千多个 App 中用户评价数量最多的那个，那么只需要把文件"rating.txt"中的七千多个整数扫描一遍，找到其中的最大值输出即可，时间复杂度为 $O(n)$。但本挑战中用户输入的 n 具有不确定性，所以如果采用查找第 n 大的值的方法，最坏情况下的时间复杂度为 $O(n^2)$，算法效率不高。可以考虑先把七千多个整数按照从大到小的顺序排序，然后根据用户输入的索引，一步定位输出结果（$O(1)$）。本挑战中，使用另外一种非常优雅的常用排序算法：快速排序，它的时间复杂度可以达到 $O(n\log n)$。

快速排序算法的基本思想是：通过一次排序将要排序的序列分割成独立的两部分，其中一部分的所有数据比另外一部分的所有数据都要小，然后再按此方法对这两部分子序列分别进行快速排序，整个排序过程可用递归方式进行，使全部数据变成有序序列。

我们用一幅漫画来演示快速排序算法的工作过程，漫画中小明需要把高低不一的一排积木块，按照从低到高排好序，如图 10-1 所示。

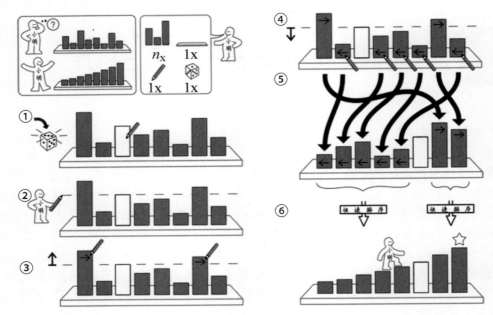

图 10-1　快速排序算法的工作过程

首先从待排序列中选择一个元素，这个元素被称为基准值（Pivot），稍后再介绍如何选择合适的基准值。小明暂时先通过"掷骰子"的方式选择第三个元素作为基准值，如图 10-1 中步骤①所示。

接下来，小明需要找出所有比基准值低的积木块和比基准值高的积木块，如步骤②所示。

然后，小明把所有比基准值低的积木块移动到基准值的左侧，把所有比基准值高的积木块移动到基准值的右侧，如步骤③、④、⑤所示。这个操作称为分区（Partitioning），基准值左分区的积木都比它低，基准值右分区的积木都比它高，但左、右两个分区都是无序的。

最后，对于左、右两个分区，再分别重复执行上述步骤，容易证明，当左、右分区都有序了，整个序列也就有序了，至此排序工作完成。

10.3　编程实现

请读者在 Anaconda 环境中，启动 JupyterLab 工具，新建一个 Notebook，并将文件名设置为"App 用户评价分析.ipynb"，然后保存，接下来开始编写 Python 代码，示例代码及运行结果如下。

代码如下：

```
'''
作者：Syman
名称："App 用户评价分析"示例程序
'''

# 定义快速排序算法函数
```

```
def quickSort(data):
    if len(data) < 2:  # 递归基线条件
        return data  # 空或只有一个元素的序列是"有序"的
    else:  # 这个 else 子句其实也可以省略，想想为什么？
        pivot = data[0]  # 设置第一个元素为基准值
        # 将所有大于等于基准值的元素移动到左分区
        greater = [i for i in data[1:] if i >= pivot]
        # 将所有小于基准值的元素移动到右分区
        less = [i for i in data[1:] if i < pivot]
        # 递归排序左、右分区，并与基准值依次合并成最终结果后返回
        return quickSort(greater) + [pivot] + quickSort(less)

# 打开文本文件，调用快速排序算法函数，输出结果
with open("rating.txt", "r") as file:  # 以只读方式打开文件
    n = int(input("请输入 n:"))
    data = file.readlines()
    data = [int(x) for x in data]  # 将读入列表的字符串全部转换为整数
    data = quickSort(data)  # 调用快速排序
    print(f"第 {n} 高 App 的用户评价数量是 {data[n-1]} 个。")
```

运行结果为：

```
请输入 n: 10
第 10 高 App 的用户评价数量是 824451 个。
```

10.4 分而治之策略

"分而治之"（Divide and Conquer）又称"分治术"，是算法设计中普遍采用的一种技巧。所谓"分而治之"就是把一个复杂的算法问题按一定的"分解"方法分为等价的规模较小的若干部分，然后逐个解决，分别求出各部分的解，再把各部分的解组成整个问题的解。这种朴素的思想来源于人们生活与工作中的实际经验，也完全适用于程序设计领域。例如，软件的体系结构设计、模块化设计都是分而治之的具体表现。

快速排序算法就是一类重要的分而治之算法，在具体实现上，分而治之策略一般采用递归的方法。使用分而治之策略解决问题的过程包括以下两个步骤。

❶ 找出基线条件，这种条件必须尽可能简单。
❷ 不断地将问题分解（或者说缩小规模），直到符合基线条件。

下面通过一个实例来说明分而治之策略。

有一个装有 16 枚硬币的袋子，在 16 枚硬币中有 1 枚伪币，并且伪币比真币要轻一些，任务是找出这个伪币。为完成这一任务，将提供一台可用来比较两组硬币重量的仪器，利用这台仪器，可以知道两组硬币的重量是否相同。一种可行的方法是：先比较硬币 1 与硬

币 2 的重量，假如硬币 1 比硬币 2 轻，则硬币 1 是伪币；假如硬币 2 比硬币 1 轻，则硬币 2 是伪币。假如 2 枚硬币重量相等，则继续比较硬币 3 和硬币 4，同样，假如有 1 枚硬币轻一些，则寻找伪币的任务完成；假如 2 枚硬币重量相等，则继续比较硬币 5 和硬币 6，以此类推。按照这种方法，最多通过 8 次比较，可以判断出伪币的存在，并找到这枚伪币。

另外一种方法就是利用分而治之策略：把 16 枚硬币看成一个整体问题。第 1 步，把这一问题分成两个小问题。随机选择 8 枚硬币作为第 1 组（A 组），剩下的 8 枚硬币作为第 2 组（B 组）。这样，就把 16 枚硬币的整体问题分成两个 8 枚硬币的子问题来解决。第 2 步，分别判断 A 组和 B 组中是否有伪币。可以利用仪器来比较 A 组硬币和 B 组硬币的重量。假如两组硬币重量相等，则可以判断伪币不存在。假如两组硬币重量不相等，则可以判断较轻的那一组中存在伪币。第 3 步，继续划分这两组硬币来寻找伪币。假设 B 组是轻的那一组，因此把它再分成两组（B1 组和 B2 组），每组有 4 枚硬币。比较这两组，肯定有一组轻一些。假设 B1 组轻，则伪币在 B1 组中，再将 B1 组又分成两组，由于此时这两组均只有 2 枚硬币，因此不必再细分。分别比较两组中 2 枚硬币的重量，可以立即知道哪枚硬币轻一些。较轻的硬币就是所要找的伪币。按照这种方法，最多只需要比较 4 次。

10.5 基准值的选择

在快速排序的分治过程中，以基准值为中心，把其他元素分别移动到它的左、右两侧。那么如何选择基准值呢？上述示例程序中采用了一个最简单的方式：选择序列的第 1 个元素。这种选择在绝大多数情况下是没有问题的。但是，假如有一个原本按照从大到小顺序排列的序列，期望按照从小到大顺序排序，那么会出现什么情况呢？请观察图 10-2 中的示例。

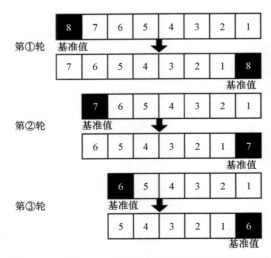

图 10-2　以第 1 个元素为基准值的快速排序示例

在这种情况下,因为在每轮中,第 1 个元素都是最大值,整个序列并没有被分成两半,分而治之的威力无法发挥。在上述示例中,快速排序需要进行 n 轮,时间复杂度退化成了 $O(n^2)$。那么,该如何避免这种情况发生呢?最简单的方法是随机选择一个元素作为基准值。这样一来,即使在序列完全逆序的情况下,也可以有效地将序列分成两部分。当然,即使是随机选择基准值,也会有极小概率选到序列的最大值或最小值,同样会影响到分而治之的效果。所以,事实上,$O(n\log n)$ 是快速排序算法的平均时间复杂度,它的最坏时间复杂度为 $O(n^2)$。

10.6 合并排序和快速排序的对比

假设有如下两个函数都遍历一个列表中的元素并将其打印出来,区别是第 2 个函数在打印每个元素后都暂停 1 秒。

```python
from time import sleep
def printList1(data):
    for i in data:
        print(i)  # 直接打印


def printList2(data):
    for i in data:
        print(i)
        sleep(1)  # 暂停 1 秒
```

函数 printList1( ) 和 printList2( ) 都遍历了一次列表,因此时间复杂度为 $O(n)$。假设使用这两个函数来打印一个包含 7 个元素的列表,如图 10-3 所示。

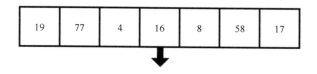

图 10-3 打印包含 7 个元素的列表

上面两个函数,你认为哪个函数的速度更快呢?很显然,函数 printList1( ) 的速度要快得多,因为它没有在每次打印元素后都暂停 1 秒。因此,虽然使用大 O 表示法时,两个函数的时间复杂度相同,但实际上函数 printList1( ) 的速度更快。这是因为在大 O 表示法 $O(n)$ 中,n 实际上指的是 $c \times n$:,c 是算法所需的固定时间量,被称为时间常量。例如,printList1( ) 所需的时间可能是 10 毫秒 $\times n$,而 printList2() 所需的时间为 1 秒 $\times n$。

通常情况下,不用考虑 c。因为如果两种算法的大 O 表示法不同,c 将无关紧要。用二分查找算法和普通按序查找算法来举例说明。假设这两种算法的运行时间常量分别为 1 秒和 10 毫秒，直觉上可能会认为普通按序查找算法的速度要快一些，现在假设要在包含 40 亿个元素的列表中查找，两者所需的时间复杂度的常量如表 10-1 所示。

表 10-1　时间复杂度的常量

采用算法	时间常量	执行次数	所需时间
普通按序查找	10 毫秒	40 亿	约 463 天
二分查找	1 秒	32	32 秒

如表 10-1 所示，二分查找算法的速度还是快得多，时间常量没有什么影响。但是有些时候，时间常量的影响可能很大，对合并排序和快速排序算法来说就是如此。快速排序算法的时间常量比合并排序的要小，因此如果它们的时间复杂度都为 $O(n\log n)$，快速排序算法的速度将会更快一些。事实上，根据实践经验，快速排序算法的速度确实更快一些，因为相对于遇上最坏情况，遇到平均情况的概率要大得多。

10.7　小结

本次挑战中，作者通过"App 用户评价分析"挑战，引入了快速排序算法，希望各位读者能够掌握快速排序的实现方法、适用场景以及基于分而治之策略的编程思想，具体包括：

- 快速排序算法；
- 分而治之策略；
- 快速排序基准值的选择方法；
- 合并排序和快速排序的算法比较。

要解决一个实际问题，常常有多种算法可供选择，不同的算法各有其自身的优缺点和适用场景，读者只要学会利用算法分析技术来综合评价每个算法的效率，就能"游刃有余"地在这些算法中取舍。

10.8　巩固练习

1. 小明想在学校请一些同学一起做一项问卷调查，为了实验的客观性，他先用计算机生成了 N（$N \leqslant 100$）个 1 到 1000 之间的随机整数，对于其中重复的数字，只保留一个，并把其余相同的数字去掉，不同的数字对应着不同学生的学号。然后再把这些数字从小到大排序，按照排好的顺序去找同学做调查。请编写一个 Python 程序，协助小明完成"去重"和"排序"（使用快速排序）两项工作。输入整数 N，输出有 2 行：第 1 行为 整数 M，表示不相同的随机数的个数；第 2 行为 M 个用空格隔开的正整数，表示从小到大排好序的不相同的随机数序列。

CHALLENGE 10
App 用户评价分析——快速排序

样例输入：
10
样例输出：
8
15 20 32 40 67 89 377 410

2. 给定一个由 a ～ z 26 个字符组成的字符串，请编写一个 Python 程序，统计其中出现次数最多的字符及出现的次数。如果有多个字符出现次数相同，那么输出 Unicode 最小的那个字符。

样例输入：
abbcccddddeeeeefffff
样例输出：
f 6

11 小明与宝藏 —— 贪心算法

11.1 挑战描述

《阿里巴巴和四十大盗》是《一千零一夜》中我们耳熟能详的故事,广为流传,经久不衰。故事讲述了一位出身穷苦的樵夫阿里巴巴,在去砍柴的路上无意中发现了强盗集团的藏宝地,他轻而易举地得到了大批财富,但最终并未据为己有。

本挑战将故事的主角换成了小明,小明骑着毛驴进入了一个山洞,看到洞中堆满了各种金银珠宝,如图 11-1 所示。小明想每种宝物只拿一件,如果某件宝物太重就用随身携带的斧子分割,但毛驴的载重能力是有限的,请读者用 Python 编写一个程序,帮助小明计算一下,如何才能用毛驴运走最大价值的宝物?

图 11-1 小明与宝藏

对本挑战问题进一步形式化描述为:假设山洞中有 n 种宝物,每种宝物具有一定重量 w 和相应的价值 v,毛驴的总载重量为 m,每种宝物只能拿一件,宝物可以用斧子分割,小明用毛驴运走宝物的总价值为 sum,求 sum 可能的最大值。

11.2 解题思路

先将问题简化修改为:假设不考虑宝物的价值,每种宝物拿的数量也没有限制,小明该如何把数量尽可能多的宝物装上毛驴带走呢(不能使用斧子)?因为毛驴的载重量是固定的,要求带走的宝物数量尽可能多,所以容易想到,小明需要优先拿重量小的宝物,如此最终带走的宝物数量最多。实际上,只需将各个宝物按照重量从小到大排序,然后遍历排好序的宝物序列,逐一取走,直到达到毛驴的载重量为止,此时毛驴身上的宝物数量即为要求的答案。

再回到本挑战中来，如果像上述一样，小明每次挑选重量最小的宝物，能否得到最优解？在此情况下，因为重量小的宝物未必价值高，所以在总载重量受限的条件下，不能保证总价值最大。那么小明应该按照何种策略来挑选宝物，使得总价值最高呢？

可以看到，影响总价值 sum 的因素主要有两个，分别是宝物的重量 w 和价值 v。小明挑选宝物时应选择 w 尽可能小（重量轻就可以多运载一些）且 v 尽可能大的，也就是说每次应选择性价比（价值/重量）最高的宝物，如果可以达到总载重量 m，那么一定能得到最大的 sum。

使用自然语言描述"小明与宝藏"挑战的算法，其步骤如下。

❶ 计算 n 种宝物的性价比 effectiveness（v/w）。
❷ 将所有宝物按照 effectiveness 值从大到小排序。
❸ 每次选取性价比高的宝物，如果总重量超出 m，则取该宝物的一部分，使得总重量刚好等于 m。

下面通过一个具体示例来进一步阐释以上算法，假设毛驴的载重量 m 为 30，宝藏内有 10 种宝物，计算其重量、价值以及性价比，宝物清单如表 11-1 所示。

表 11-1　宝物清单

属性	宝物 1	宝物 2	宝物 3	宝物 4	宝物 5	宝物 6	宝物 7	宝物 8	宝物 9	宝物 10
价值（v）	3	8	18	6	8	20	5	6	7	15
重量（w）	4	2	9	5	5	8	5	4	5	5
性价比（v/w）	0.75	4	2	1.2	1.6	2.5	1	1.5	1.4	3

按照性价比从高到低排序后的宝物清单如表 11-2 所示。

表 11-2　排序后的宝物清单

属性	宝物 2	宝物 10	宝物 6	宝物 3	宝物 5	宝物 8	宝物 9	宝物 4	宝物 7	宝物 1
价值（v）	8	15	20	18	8	6	7	6	5	3
重量（w）	2	5	8	9	5	4	5	5	5	4
性价比（v/w）	4	3	2.5	2	1.6	1.5	1.4	1.2	1	0.75

- 第 1 次选择宝物 2，剩余载重量为 30−2=28，当前总价值为 8。
- 第 2 次选择宝物 10，剩余载重量为 28−5=23，当前总价值为 8+15=23。
- 第 3 次选择宝物 6，剩余载重量为 23−8=15，当前总价值为 23+20=43。
- 第 4 次选择宝物 3，剩余载重量为 15−9=6，当前总价值为 43+18=61。
- 第 5 次选择宝物 5，剩余载重量为 6−5=1，当前总价值为 61+8=69。
- 第 6 次选择宝物 8，此时发现毛驴剩余载重量为 1，而宝物 8 的重量为 4，无法全部带走，小明需要用斧子分割出 1 个重量单位，又因为宝物 8 单位重量的价值（性价比）为 1.5，所以分割出的部分宝物的价值为 1.5，当前总价值为 69+1.5=70.5，剩余载重量刚好为 0。

11.3 编程实现

请读者在 Anaconda 环境中，启动 JupyterLab 工具，新建一个 Notebook，并将文件名设置为"小明与宝藏.ipynb"，然后保存，接下来开始编写 Python 代码，示例代码及运行结果如下。

代码如下：

```python
'''
作者：Syman
名称："小明与宝藏"示例程序
'''

m = int(input("请输入毛驴的总载重量："))
n = int(input("请输入宝物的种类数量："))
treasure = []  # 保存每件宝物的性价比、价值和重量
for i in range(1, n+1):
    w = int(input("请输入宝物 "+str(i)+" 的重量："))
    v = int(input("请输入宝物 "+str(i)+" 的价值："))
    effectiveness = v / w  # 计算性价比
    t = (effectiveness, v, w)  # 生成性价比、价值、重量三元组
    treasure.append(t)  # 将三元组追加到列表中
# 调用 Python 内置排序函数（倒序），默认按元组第一个元素（性价比）排序
treasure.sort(reverse=True)
# 定义毛驴当前载重量
load = 0
# 定义小明带走宝物总价值
result = 0
# 按照性价比从高到低一件件取宝物
cur = 0
while load<m and cur<n:
    if (load+treasure[cur][2]) <= m:  # 可以完整地带走当前宝物
        result += treasure[cur][1]
        load += treasure[cur][2]
    else:  # 只能带走当前宝物的一部分（用斧子分割）
        result += treasure[cur][0]*(m-load)
        load = m  # 装满
    cur += 1  # 判断下一种宝物

print(f"可运走宝物价值的最大值为：{result}。")
```

运行结果为：

请输入毛驴的总载重量：30

```
请输入宝物的种类数量：10
请输入宝物1的重量：4
请输入宝物1的价值：3
请输入宝物2的重量：2
请输入宝物2的价值：8
请输入宝物3的重量：9
请输入宝物3的价值：18
请输入宝物4的重量：5
请输入宝物4的价值：6
请输入宝物5的重量：5
请输入宝物5的价值：8
请输入宝物6的重量：8
请输入宝物6的价值：20
请输入宝物7的重量：5
请输入宝物7的价值：5
请输入宝物8的重量：4
请输入宝物8的价值：6
请输入宝物9的重量：5
请输入宝物9的价值：7
请输入宝物10的重量：5
请输入宝物10的价值：15
可运走宝物价值的最大值为：70.5。
```

小贴士　Python 内置函数 sort( ) 使用的是一种名为 Timsort 的方法，它是结合了合并排序和插入排序而得到的排序算法，在现实使用中有很好的效率，时间复杂度为 $O(n\log n)$，发明者是 Tim Peters。

该算法的时间主要耗费在将宝物按照性价比排序上，算法采用的是 Python 内置排序算法，时间复杂度为 $O(n\log n)$。为了使 m（毛驴总载重量）下取得的宝物价值最大，每次应取剩下宝物中性价比最高的宝物，这样可以使得在相同重量条件下比选其他宝物得到的价值更大。

11.4　贪心算法

上述示例代码中使用的算法称为贪心算法。贪心算法（又称贪婪算法）是指在对问题求解时，总是做出当前看来最好的选择。也就是说，不从整体最优上加以考虑，而考虑某种意义上的局部最优解。贪心算法并不是对所有问题都能得到整体最优解，关键在于贪心策略的选择，选择的贪心策略必须具备无后效性，即某个状态以前的过程不会影响以后的状态，而只与当前状态有关。

1. 算法基本要素

在遇到具体问题时，往往不容易分清哪些问题该用贪心算法求解，哪些问题不能使用贪心算法，经实践发现，利用贪心算法求解的问题往往具有两个重要的特征：贪心选择和最优子结构，一个问题如果能够同时满足这两个特征，就可以使用贪心算法了。

（1）贪心选择

贪心选择是指所求问题的整体最优解可以通过一系列局部最优的选择（贪心选择）来达到。这是贪心算法可行的第一个基本要素。贪心选择是采用从顶向下、以迭代的方法做出相继选择，每做一次贪心选择就将所求问题简化为一个规模更小的子问题。对于一个具体问题，要确定它是否具有贪心选择的特征，就必须证明每一步所做的贪心选择最终能得到问题的最优解。通常可以首先证明问题的一个整体最优解，是从贪心选择开始的，而且做了贪心选择后，原问题简化为一个规模更小的子问题。然后，用数学归纳法证明，通过每一步贪心选择，最终可以得到问题的一个整体最优解。

本挑战中，选择了宝物的性价比（价值/重量）作为贪心选择的策略依据。

（2）最优子结构

当一个问题的最优解包含其子问题的最优解时，则称此问题具有最优子结构性质。运用贪心策略在每一次操作时都取得了最优解。问题的最优子结构是该问题可以用贪心算法求解的关键特征。贪心算法的每一次操作都对结果产生直接影响，但不能回退（放到毛驴上的宝物不能再拿下来）。

2. 算法基本思路

贪心算法的基本思路就是从问题的某一个初始解出发，一步一步地进行，根据某个贪心策略及测量方法，每一步都要确保能获得局部最优解。每一步只考虑一个数据，它的选取应该满足局部优化的条件。若下一个数据和部分最优解连在一起不再是可行解时，就不把该数据添加到部分解中，直到把所有数据枚举完，或者不能再添加时算法停止。具体过程如下。

❶ 建立数学模型来描述问题。
❷ 把求解的问题分成若干个子问题。
❸ 对每一子问题求解，得到子问题的局部最优解。
❹ 把子问题的局部最优解组合成原来问题的一个解。

贪心算法的实现框架如图 11-2 所示。

11.5 背包问题

背包问题是在 1978 年由 Merkel 和 Hellman 提出的，可以描述为：给定一组物品，每种物品都有自己的重量和价值，在限定的总重量内，该如何选择物品才能使得物品的总价值最高？问题的名称来源于如何选择最合适的物品放置于给定背包中。相似问题经常出现在商业、组合数学、计算复杂性理论、密码学和应用数学等领域中。也可以将背包问题描述为决定性问题，即在总重量不超过 w 的前提下，总价值是否能达到 v？

在本挑战中，如果小明没有斧子，宝物是不可分割的，那么使用贪心算法是否还能得到最优解？再来看另一个例子，假设毛驴的总载重量为 10，宝物清单如表 11-3 所示，此时采用贪心算法会得到怎样的结果？

CHALLENGE 11

小明与宝藏 —— 贪心算法

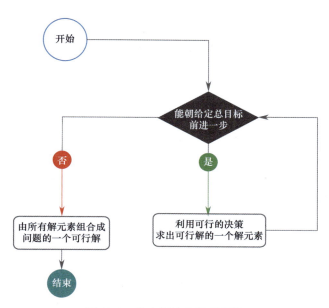

图 11-2 贪心算法的实现框架

表 11-3 宝物清单

属性	宝物 1	宝物 2	宝物 3	宝物 4	宝物 5
价值（v）	15	16	18	25	14
重量（w）	3	4	6	10	7
性价比（v/w）	5	4	3	2.5	2

如果采用贪心算法，先拿走性价比高的宝物，且宝物不可分割，毛驴如果无法再承载剩余的宝物，不管它还有没有剩余载重量，算法都会结束（贪心算法不能回退）。算法执行后，根据性价比，依次选择了宝物 1 和宝物 2，总价值为 31，总重量为 7，此时毛驴剩余载重量为 3，但不足以承载余下的任何一件宝物，因此得到的结果为 31。

但实际上，如果选择宝物 2 和宝物 3，可以正好使得毛驴满载，得到的最大价值为 34。也就是说，在宝物不可分割、无法装满的情况下，贪心算法并不能得到最优解，而仅仅是最优解的近似解。想一想，为什么会这样呢？

宝物可分割的问题属于"背包问题"，不可分割的问题则属于"01 背包问题"（要么拿走完整的 1 件，要么拿走 0 件）。在宝物不可分割的情况下，已经不具有贪心选择的特征，原问题的整体最优解无法通过一系列局部最优解组合得到，因此这类问题得到的是近似解。如果一个问题不要求得到最优解，而只需要一个最优解的近似解，则不管该问题有没有贪心选择的特征，都可以使用贪心算法。如果要求"01 背包问题"的最优解，则应选用动态规划算法。

 动态规划算法不在本书的介绍范围之内，有兴趣的读者可以继续学习，相关文档请参照：https://www.topcoder.com/community/competitive-programming/tutorials/dynamic-programming-from-novice-to-advanced/ 。

11.6 小结

本次挑战中，作者通过"小明与宝藏"挑战，引入了贪心算法的知识点，具体包括：
- 贪心算法基本要素；
- 贪心算法的思路；
- 背包问题。

贪心算法在解决问题的策略上"目光短浅"，只根据当前已有的信息就做出选择，而且一旦做出了选择，不管将来有什么结果，这个选择都不会改变。换言之，贪心算法并不是从大局出发和整体最优考虑的，它所做出的选择只是在某种意义上的局部最优。贪心算法能得到许多问题的整体最优解或其近似解，同时相对于其他高级算法，贪心算法易学易用。因此，贪心算法实际应用很多。在使用贪心算法时需要注意以下三个问题：

- 没有后悔药。一旦做出选择，不可以反悔。
- 如果未经数学证明，有可能得到的不是最优解，而是近似解。
- 选择的贪心策略会直接决定算法的好坏。

11.7 巩固练习

1. 有 n 个人带着水壶排队到 m 个水龙头去打水，他们装满水壶的时间分别为 t_1、t_2、…、t_n（全部为正整数且各不相同），应如何安排他们的打水顺序才能使得所有人花费的总时间最少？

2. 某国为了防御敌国的导弹袭击，开发出一套导弹拦截系统，但是这种拦截系统有一个缺陷：虽然它的第一发炮弹能够达到任意的高度，但是以后每一发炮弹都不能高于前一发炮弹的高度。某天，雷达捕捉到了敌国的导弹，但是由于该系统还在试用阶段，所以一套系统有可能不能拦截所有来袭导弹。

请编写一个 Python 程序，输入导弹依次发射的高度（不大于 30000）。计算要拦截所有导弹最少需要配备多少套导弹拦截系统。提示：被一套系统拦截的所有导弹中，最后一枚导弹的高度最低。

```
样例输入：
389 207 155 300 299 170 158 65
样例输出：
2
```

CHALLENGE 12 闯迷宫 —— 深度优先搜索

12.1 挑战描述

从风靡全球的魔兽争霸、星际争霸,到可能入围奥林匹克比赛项目的英雄联盟,相信绝大多数读者对这些游戏都不陌生。一般在这些游戏主界面的左下角都会有一个迷你地图,当玩家用鼠标单击迷你地图的一个坐标时,玩家所控制的角色就会自动按照最短的路径去光标所指的目的地。如果不细想,会觉得这是理所当然,但如果仔细观察会发现游戏中的角色每次都能按照最短的路径到目的地,是不是会感到很神奇呢?这就好比有一个人置身于迷宫之中,我们只要单击一下出口位置,他就会自动按照最短路径走出迷宫而且不会碰壁。

给定一个迷宫,如图 12-1 所示,请读者用 Python 编写一个程序,用计算机来帮助小明穿越迷宫,并且需要满足以下要求。

- 小明每次只能向上、下、左、右相邻的位置移动一步。
- 小明不能走出地图,也不能穿过墙壁。
- 每个点小明最多只能通过一次。

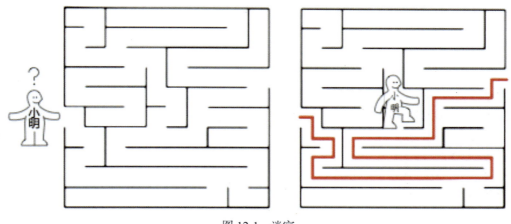

图 12-1 迷宫

12.2 解题思路

为便于理解和计算机处理,先将图 12-1 中的迷宫做一个简化,如图 12-2 所示。

其中,S 表示起点,T 表示终点,* 表示墙壁,- 表示平地。小明需要从 S 出发走到 T,每次只能向上、下、左、右相邻的位置移动,不能走出地图,也不能穿过墙壁,每个点只能通过一次。使用 Python 编程求出一种走法。

图 12-2 迷宫简化

考虑一种最朴素的走迷宫方法：对上、下、左、右四个方向逐一尝试，如果沿着某个方向不能走到终点，就要原路返回，然后继续尝试其他方向，直到走出迷宫。这种方法，虽然效率比较低，但如果有解，就一定能走到终点。

上面讲的这种方法，考虑设计一个算法来实现。首先找到起点 S，走到每个点时，按照上、右、下、左顺时针的顺序依次尝试。走到下一个点以后，就把这个点当成起点 S（递归），继续按同样顺序尝试。如果某个点四个方向都尝试过，便回到这个点之前的点，这一步称为回溯。继续尝试其他方向，直到所有点都尝试过四个方向。

这就好比你自己去走这个迷宫，也要逐一尝试每个方向，如果一条路不行，就回头换一条，上述算法和我们直观的想法很类似，接下来需要编写程序完成这个过程。

12.3 编程实现

请读者在 Anaconda 环境中，启动 JupyterLab 工具，新建一个 Notebook，并将文件名设置为"闯迷宫.ipynb"，然后保存，接下来开始编写 Python 代码，示例代码及运行结果如下。

代码如下：

```python
'''
作者：Syman
名称："闯迷宫"示例程序
'''

# 判断点 (x,y) 是否在迷宫内
def inMap(maze, x, y):
    n = len(maze)
    m = len(maze[0])
    return 0<=x and x<n and 0<=y and y<m

# 以点 (x,y) 作为起点搜索迷宫 maze
def dfs(maze, vis, x, y):
    if maze[x][y] == 'T': # 成功走到了终点
        return True
```

闯迷宫 —— 深度优先搜索

```python
        vis[x][y] = True  # 标记点(x,y)为"已访问"
        maze[x][y] = '#'  # 使用'#'标记小明走迷宫的路线
        # 尝试访问"上"节点
        tx = x - 1
        ty = y
        if inMap(maze, tx, ty) and maze[tx][ty]!='*' and not vis[tx][ty]:
            if dfs(maze, vis, tx, ty):
                return True
        # 尝试访问"右"节点
        tx = x
        ty = y + 1
        if inMap(maze, tx, ty) and maze[tx][ty]!='*' and not vis[tx][ty]:
            if dfs(maze, vis, tx, ty):
                return True
        # 尝试访问"下"节点
        tx = x + 1
        ty = y
        if inMap(maze, tx, ty) and maze[tx][ty]!='*' and not vis[tx][ty]:
            if dfs(maze, vis, tx, ty):
                return True
        # 尝试访问"左"节点
        tx = x
        ty = y - 1
        if inMap(maze, tx, ty) and maze[tx][ty]!='*' and not vis[tx][ty]:
            if dfs(maze, vis, tx, ty):
                return True
        # "上右下左"四个方向都返回False，此路不通，回溯
        vis[x][y] = False  # 还原访问标识
        maze[x][y] = '-'  # 还原迷宫节点标识
        return False

# 格式化输出迷宫
def displayMaze(maze):
    print("走迷宫路线用'#'标记，如下图：")
    for row in maze:
        for ch in row:
            print(ch, end=" ")
        print()

# 定义主函数
def main():
    rows = int(input("请输入迷宫的行数："))
```

```python
    cols = int(input("请输入迷宫的列数："))
    maze = []  # 保存二维迷宫的每个字符
    vis = []   # 保存迷宫的每个点是否访问过
    for i in range(rows):  # 按行输入迷宫
        row = input("请输入迷宫第"+str(i+1)+"行：")
        maze.append(list(row))  # 将字符串转换为列表（因为字符串不可修改）
    # 寻找起点(S)的行、列号
    startX = None
    startY = None
    for i in range(rows):
        row = []
        for j in range(cols):
            row.append(False)
            if maze[i][j] == 'S':
                startX = i
                startY = j
        vis.append(row)
    # 调用走迷宫函数，输出结果
    if dfs(maze, vis, startX, startY):
        displayMaze(maze)
    else:
        print("没有通路。")

# 启动程序
if __name__ == '__main__':
    main()  # 调用主函数
```

运行结果为：

```
请输入迷宫的行数：3
请输入迷宫的列数：4
请输入迷宫第1行：S**-
请输入迷宫第2行：----
请输入迷宫第3行：***T
走迷宫路线用'#'标记，如下图：
# * * -
# # # #
* * * T
```

小贴士　许多编程语言都有一个特殊的函数——主函数，当操作系统开始运行程序时会自动执行主函数。主函数通常被命名为 main( )，并且依据语言标准具有特定的返回类型和参数。但在 Python 中不使用 main( ) 函数作为程序运行入口，在正规

Python 工程中,一般通过语句 if __name__ = '__main__' 来模拟主函数功能,__name__ 是 Python 的内置属性,当所在文件直接运行时,__name__ 就等于 __main__;当所在文件作为模块导入时,__name__ 则是这个模块的名字。

12.4 深度优先搜索

搜索是计算机解题中常用的算法,主要有深度优先搜索(Depth First Search)和广度优先搜索(Breadth First Search)两种方法,很多问题无法根据某种确定的计算法则来求解,但都可以利用搜索技术求解。本挑战中使用的是深度优先搜索,一般缩写为 DFS,其基本思想是:为了求得问题的解,先选择某种可能情况向前探索,在探索过程中,一旦发现原来的选择是错误的,就退回一步重新选择,再继续向前探索,如此反复进行,直至得到解或证明无解。深度优先搜索的实现框架如图 12-3 所示。

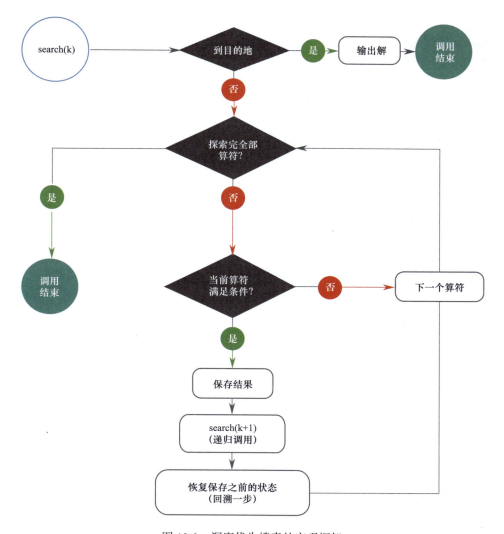

图 12-3 深度优先搜索的实现框架

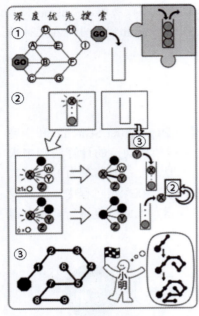

图 12-4 深度优先搜索的工作过程

例如,本挑战中的"闯迷宫"问题,进入迷宫后,先随意选择一个前进方向,一步步向前探索前进,如果碰到死胡同,说明前进方向已无路可走,这时,首先看看其他方向是否还有路,如果有路可走,则沿该方向再向前探索;如果已无路可走,则返回一步,再看其他方向是否还有路可走;如果有路可走,则沿该方向再向前探索。按此策略不断搜索、回溯、再搜索,直到找到新的出路或从原路返回入口处无解为止。继续用一幅漫画来演示深度优先搜索的工作过程,如图 12-4 所示,小明希望从"GO"节点出发,将网络上的每个节点都走一遍,使用深度优先搜索策略,最终遍历顺序如图中第③步所示。

再来看一个"中国象棋"问题。中国象棋博大精深,其中"马"的规则最为复杂,也是最难操控的一颗棋子。"马走日",棋盘示例如图 12-5 所示,在位置 (2,4) 上的马,只走一步能够到达的位置有:(0,3)、(0,5)、(1,2)、(1,6)、(3,2)、(3,6)、(4,3)、(4,5)。

小明和姐姐下象棋,小明正在进行战略布局,他需要把在 (x,y) 位置的马走到 (x',y') 位置,以达到威慑的目的。但是棋盘大小有限,左上角的坐标为 (0,0),右下角坐标为 (9,8),马不能走出棋盘,并且有些位置已经有了棋子,马也不能走到有棋子的点上。小明想知道,在不移动其他棋子的情况下,能否完成他的战略目标。

请用 Python 编写一个程序,输入一个有 10 行,每行为长度为 9 的字符串,用于描述棋盘。用 - 表示空位置,用 * 表示该位置有棋子,用 S 表示马的初始位置,用 T 表示马需要走到的位置。在不移动其他棋子的情况下,如果马能从 S 走到 T,那么就输出 Yes,否则输出 No。

不难发现,中国象棋问题与闯迷宫问题本质上是同一类问题,主要区别只有两点:① 闯迷宫问题有四个方向(算符),中国象棋问题则有八个;② 闯迷宫问题需要把路径打印出来,中国象棋问题则只需输出 Yes 或 No。读者可以举一反三,基于闯迷宫问题的示例代码编程实现中国象棋问题,示例代码及运行结果如下。

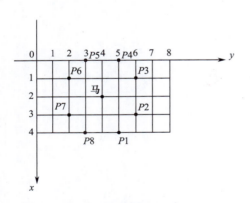

图 12-5 棋盘示例

代码如下:

```
'''
作者:Syman
名称:"中国象棋"示例程序
'''
```

```python
# 判断点 (x,y) 是否在棋盘内
def inChessboard(chessboard, x, y):
    n = 10
    m = 9
    return 0<=x and x<n and 0<=y and y<m

# 以点 (x,y) 作为起点搜索棋盘 chessboard
def dfs(chessboard, vis, x, y):
    # 马可以走到的八个位置的 x 坐标和 y 坐标的改变量
    dir = [(-1,-2),(-2,-1),(-2,1),(1,-2),(1,2),(2,1),(2,-1),(-1,2)]
    if chessboard[x][y] == 'T':  # 成功走到了终点
        return True
    vis[x][y] = True  # 标记点 (x,y) 为 "已访问"
    chessboard[x][y] = '#'  # 使用 '#' 标记路径
    # 依次试探八个方向
    for i in range(8):
        tx = x + dir[i][0]
        ty = y + dir[i][1]
        if inChessboard(chessboard, tx, ty) and chessboard[tx][ty]!='*' and not vis[tx][ty]:
            if dfs(chessboard, vis, tx, ty):
                return True
    # 八个方向都返回 False,此路不通,回溯
    vis[x][y] = False  # 还原访问标识
    chessboard[x][y] = '-'  # 还原棋盘节点标识
    return False

# 定义主函数
def main():
    rows = 10
    cols = 9
    chessboard = []  # 保存棋盘的每个字符
    vis = []  # 保存棋盘的每个点是否访问过
    for i in range(rows):  # 按行输入迷宫
        row = input("请输入棋盘第 "+str(i+1)+" 行:")
        chessboard.append(list(row))  # 将字符串转换为列表(因为字符串不可修改)
    # 寻找起点 (S) 的行、列号
    startX = None
    startY = None
    for i in range(rows):
```

```python
            row = []
            for j in range(cols):
                row.append(False)
                if chessboard[i][j] == 'S':
                    startX = i
                    startY = j
            vis.append(row)
    # 调用深度优先搜索函数，输出结果
    if dfs(chessboard, vis, startX, startY):
        print("Yes")
    else:
        print("No")

# 启动程序
if __name__ == '__main__':
    main()  # 调用主函数
```

运行结果为：

```
请输入棋盘第 1 行：-*-----*S*
请输入棋盘第 2 行：--*-*-*--
请输入棋盘第 3 行：--**-*--*
请输入棋盘第 4 行：-------**-
请输入棋盘第 5 行：---T------
请输入棋盘第 6 行：--*-*---
请输入棋盘第 7 行：---*----
请输入棋盘第 8 行：---***---
请输入棋盘第 9 行：---------
请输入棋盘第 10 行：-**------
Yes
```

> **小贴士**
>
> 在中国象棋示例程序中，使用了一个编程技巧。在试探马可以走到的八个方向的过程中，代码极其相似，只有试探点坐标 (t_x, t_y) 不同，所以可以基于一个二元组列表（dir 变量）来计算八个试探点，并把相同的代码放在一个循环语句中，依次遍历每个算符，如此可以精简代码，提高可读性。请读者参照这个方法，把闯迷宫问题中的方向试探部分也进行相应的修改优化。

12.5 回溯

想必读者已经注意到，在闯迷宫和中国象棋示例程序中，都使用到了一个名为"回溯"的技巧，即能进则进，进不了则换，换不了则退。

深度优先搜索有时也被称为回溯算法（Backtracking Algorithm），虽然二者有些区别，但在多数情况下解决的都是同一类问题。回溯算法实际上是一个类似枚举的搜索尝试过程，主要是在搜索尝试过程中寻找问题的解，当发现已不满足求解条件时，就"回溯"返回，尝试别的路径。回溯算法是一种选优搜索算法，按选优条件向前搜索，以达到目标。但当探索到某一步，发现原先选择并不优或达不到目标时，就退回一步重新选择，这种走不通就退回再走的方法即为回溯算法，而满足回溯条件的某个状态的点称为"回溯点"。许多复杂的或规模较大的问题的解决，都可以使用回溯算法，所以回溯算法有着"通用解题方法"的美称。

在用回溯算法解决问题时，需要考虑如下 3 个问题。

（1）定义合适的解空间

因为解空间的大小对搜索效率有很大的影响，所以使用回溯算法首先要定义合适的解空间，确定解空间包括解的组织形式（如一个 n 元组列表）和显性约束（如取值范围）。

（2）确定解空间的组织结构

解空间的组织结构通常用解空间树形象表达，根据解空间树的不同，解空间又分为子集树、排列树、m 叉树等。

（3）搜索解空间

回溯算法是按照深度优先搜索策略进行的，根据隐性约束（如限界函数），在解空间中搜索问题的可行解或最优解。当发现当前节点不满足求解条件时，就回溯，尝试其他路径。

小贴士　对回溯算法感兴趣的读者可以继续学习，相关文档请参照：https://cs.lmu.edu/~ray/notes/backtracking/ 。

12.6　小结

本次挑战中，作者通过"闯迷宫"挑战，引入了深度优先搜索的知识点，具体包括：
- 深度优先搜索策略；
- 回溯。

深度优先搜索是一种"一条道跑到黑"的算法，它的一个经典应用场景是网络爬虫。网络爬虫是一种按照一定的规则，自动地抓取互联网信息的程序或者脚本。另外一些不常使用的名字还有蚂蚁、自动索引、模拟程序或蠕虫。在大数据时代，网络爬虫是从互联网上采集数据的有利工具，目前已经知道的各种网络爬虫工具有上百个。我们经常使用的谷歌、百度等搜索引擎由两部分功能组成：一部分就是网络爬虫，负责收集网页上的信息，另一部分负责建立索引。

12.7　巩固练习

1. 家谱，又称族谱、宗谱等，是一种以表谱形式，记载一个家族的世系繁衍及重要人物事迹的书。一天，小明拿到了自己家的家谱，他便想知道在家谱中每位祖先有多少直系后代（直系后代包括他的孩子和他孩子的直系后代）。但是家族历史源远流长，家谱庞大，自己完全数不过来。请编写一个Python程序，帮助小明统计每位祖先有多少直系后代。

输入的第一行有一个整数$n(1 \leq n \leq 30000)$，表示家谱中的总人数。接下来读入$n-1$行，每行有两个整数x和y（$1 \leq x, y \leq n$），表示x是y的父母。输出n行，每行有一个整数，表示第i个人有多少个直系后代。

样例输入：
4
1 2
1 3
2 4

样例输出：
3
1
0
0

2. 会下国际象棋的人都很清楚，"皇后"可以在横、竖、斜线上不限步数地吃掉其他棋子。实现将8个皇后放在棋盘上（有8×8个方格），使其都不被吃掉就是著名的"八皇后问题"。

请编写一个Python程序，计算八皇后的位置，然后直接输出8行结果，每行有一个整数，表示第i行的皇后所在的列数j。

13 海上营救 —— 广度优先搜索与队列

13.1 挑战描述

命运号邮轮在海上遇险，等待救援，并发出了求救信号。距离命运号邮轮最近的科技号救援船收到了求救信号，时间就是生命，科技号救援船船长小明决定必须尽快赶到出事地点，展开救援。通过侦测与计算，小明获取了一张海域图，这张图将出事海域简化成了一个个网格，其中用 1 标记的格子代表陆地，用 0 标记的格子代表海洋。科技号救援船只能从一个格子，移动到上、下、左、右相邻的用 0 标记的格子。为了尽快赶到出事地点，科技号救援船最少需要走多长的距离？

给定一张海域图以及科技号救援船和命运号邮轮的位置，如图 13-1 所示，请读者用 Python 编写一个程序，帮助小明计算从起点到终点的最短距离。

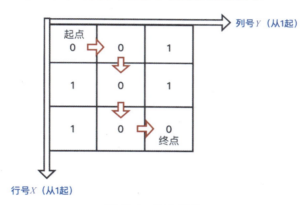

图 13-1 海上营救

粗略地看，本挑战与上一挑战中的"闯迷宫"问题有些类似。深入读题，会发现"闯迷宫"问题要求的是一个可行解，而"海上营救"问题要求的是一个最优解（最短距离），两者略有不同。针对这点，本挑战将使用一种新算法 —— 广度优先搜索来解决问题。在介绍解题思路之前，需要先来学习一个新知识。

13.2 队列

和前面介绍的栈一样，队列（Queue）也是一种操作受限制的线性表，特殊之处在于它只允许在其前端（Front）进行删除操作，在其后端（Rear）进行插入操作。进行插入操作的端称为队尾，进行删除操作的端称为队首。

队列的工作原理与现实生活中的队列完全相同。假设你与同学一起在学校食堂排队，如果你排在他的前面，将先打饭。队列的工作原理与此相同。队列类似于栈，不能随意地访问队列中的元素。队列只支持两种操作:"入队"和"出队",也称"压入"和"弹出",如图 13-2 所示。

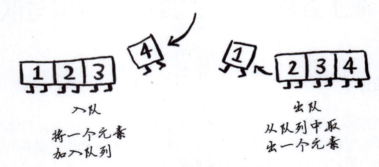

图 13-2　队列操作示意图

如果将两个元素加入队列,先加入的元素将在后加入的元素之前出队。队列是一种先进先出(First In First Out,FIFO)的数据结构,而栈是一种后进先出(Last In First Out,LIFO)的数据结构。

了解了队列的工作原理后,我们来解决本挑战中的问题。

> **小贴士**　Pascal 语言之父尼古拉斯·沃斯(Nicklaus Wirth)曾凭借一句话获得了计算机界的最高荣誉——图灵奖,让他获奖的这句话就是他提出的著名公式:算法+数据结构=程序。这个公式对计算机科学的影响程度足以比肩物理学中爱因斯坦提出的 $E=MC^2$。一个公式就展示出了程序的本质。数据结构是计算机存储、组织数据的方式。数据结构是指相互之间存在一种或多种特定关系的数据元素的集合。通常情况下,精心选择的数据结构可以带来更高的运行或者存储效率。数据结构往往同高效的检索算法和索引技术有关。本书主题不是数据结构,有兴趣的读者可以参阅 https://www.topcoder.com/community/competitive-programming/tutorials/data-structures 。

13.3　解题思路

请读者先在头脑中想象一个场景:小明在一汪平静的湖面上投了一块石头,溅起了层层涟漪,荡起的波纹由内向外一圈一圈地扩散出去。如果将这块石头视为起点,假设相邻两圈波纹之间的距离是 1 个单位,那么从石头到达任意一点的最短距离就是该点所在波纹圈的序号。

参考上述场景,解决"海上营救"问题的核心思想是:从起点(科技号救援船)开始,应用算符(移动到上、下、左、右相邻的用 0 标记的格子)生成第一层节点(可以一步到达的格子),检查目标节点(命运号邮轮)是否在这些节点中,若没有,再用产生式规则将所有第一层的节点逐一扩展,得到第二层节点,并逐一检查第二层节点中是否包含目标节点,若没有,再用算符逐一扩展第二层的所有节点,得到第三层节点……如此依次扩展,检查下去,直到发现目标节点为止,目标节点所在的层数即为从起点到终点的最短距离。

使用自然语言描述"海上营救"挑战的算法,其步骤如下。

❶ 从海域图中的某一个格子 v_0(科技号救援船所在的位置)开始,先访问 v_0。

❷ 访问所有能从 v_0 一步到达的格子 $v_1, v_2, \cdots, v_n$。
❸ 依次访问能从 $v_1, v_2, \cdots, v_n$ 一步到达的所有未曾访问过的格子。
❹ 重复以上步骤，直到找到命运号邮轮或所有的格子都被访问过为止。

注意，为保证按序层层访问，在具体编程中，需要借助队列来实现，即在访问每个节点前，需要先从队首弹出该节点，并将该节点所有的下一层节点依次压入队列中。

13.4 编程实现

为便于计算机处理，先将本挑战中的输入/输出做如下约定：输入的第一行有一个整数 n（$1 \leqslant n \leqslant 1000$），接下来 n 行是长度为 n 的由 0 或 1 组成的字符串，表示海域图，最后一行为四个整数（由一个空格分隔），分别表示科技号救援船和命运号邮轮的位置（行、列号）。输出为从科技号到命运号的最短距离。

```
样例输入：
3
001
101
100
1 1 3 3
样例输出：
4
```

请读者在 Anaconda 环境中，启动 JupyterLab 工具，新建一个 Notebook，并将文件名设置为"海上营救.ipynb"，然后保存，接下来开始编写 Python 代码，示例代码及运行结果如下。

代码如下：

```python
'''
作者：Syman
名称："海上营救"示例程序
'''

from queue import Queue  # FIFO 队列

# 判断点 (x,y) 是否在海域图内
def inSeaMap(seaMap, x, y):
    n = len(seaMap)
    return 0<=x and x<n and 0<=y and y<n

# 计算最短路径
def bfs(seaMap, vis, startX, startY, endX, endY):
    # 科技号救援船可以航行到的四个位置的行、列号的改变量
```

```python
        dir = [(-1, 0), (0, -1), (1, 0), (0, 1)]
        searchQueue = Queue() # 创建一个队列
        searchQueue.put([startX, startY, 0]) # 在队列尾部插入节点信息：行、列号及最短距离
        vis[startX][startY] = True # 标记起点为"已访问"
        while not searchQueue.empty(): # 只要队列不为空
            now = searchQueue.get() # 弹出队列头部元素
            # 依次试探四个方向
            for i in range(4):
                tx = now[0] + dir[i][0]
                ty = now[1] + dir[i][1]
                if inSeaMap(seaMap, tx,ty) and seaMap[tx][ty]=='0' and not vis[tx][ty]:
                    if tx==endX and ty==endY: # 找到了命运号邮轮
                        return now[2]+1;
                    else: # 继续查找下一层
                        vis[tx][ty] = True
                        searchQueue.put([tx, ty, now[2]+1])
        return -1 # 无法到达

# 定义主函数
def main():
    n = int(input())
    seaMap = [] # 海域图
    vis = [] # 保存海域图的每个节点是否访问过
    for i in range(n): # 按行输入海域图
        row = input()
        seaMap.append(list(row)) # 将字符串转换为列表（因为字符串不可修改）
        row = []
        for j in range(n):
            row.append(False)
        vis.append(row)
    # 依次输入起点和终点的行、列号，并分别保存到 4 个变量中
    startX, startY, endX, endY = map(int, input().strip().split())
    # 调用海上营救函数，输出结果，输入的行、列号从 1 开始，所以需要减 1
    print(bfs(seaMap, vis, startX-1, startY-1, endX-1, endY-1))

# 启动程序
if __name__ == '__main__':
    main() # 调用主函数
```

运行结果为：

```
3
```

```
001
101
100
1 1 3 3
4
```

在上述示例程序的语句 searchQueue.put([startX, startY, 0]) 中，将一个描述节点信息的列表压入了队列之中，该列表由三个元素组成，即当前节点的行号、列号和它到起点的最短距离。

13.5 广度优先搜索

广度优先搜索（又称宽度优先搜索）是最简便的图的搜索算法之一，这一算法也是很多重要的图算法的原型。Dijkstra 单源最短路径算法和 Prim 最小生成树算法都采用了和广度优先搜索类似的思想。广度优先搜索属于一种盲目搜寻法，目的是系统地展开并检查图中的所有节点，以找寻结果。换句话说，它并不考虑结果的可能位置，会彻底地搜索整张图，直到找到结果为止。广度优先搜索的实现框架如图 13-3 所示。

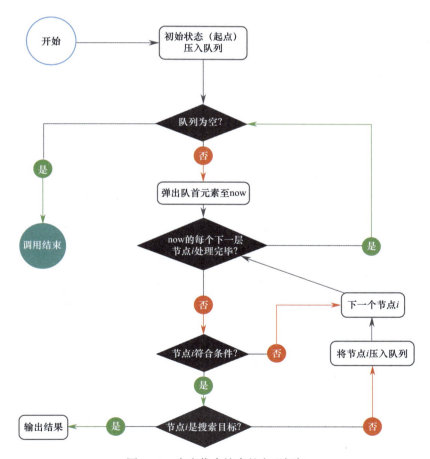

图 13-3　广度优先搜索的实现框架

采用广度优先搜索解决问题时，需要构造一个表明状态特征和不同状态之间关系的数据结构。根据问题给定的条件，从一个节点出发，可以生成一个或多个节点，这个过程通常称为扩展。节点之间的关系一般可以表示为一棵倒着的树，称为解空间树，树的根就是起始节点。算法的搜索过程实际上就是根据初始条件和扩展规则构造一棵解空间树并寻找符合目标节点的过程。

广度优先搜索中，解空间树上节点的扩展是从上至下"按层"进行的，对深度为 $n+1$ 的任一节点进行扩展之前，必须先考虑深度为 n 的节点的所有可能状态。因此，对处于同一层的节点来说，求解问题的价值是相同的，可以按照任意顺序来扩展它们。

用一幅漫画来演示广度优先搜索的工作过程，如图 13-4 所示，小明希望从"GO"节点出发，将网络上的每个节点都走一遍，使用广度优先搜索策略，最终遍历顺序为第③步所示。

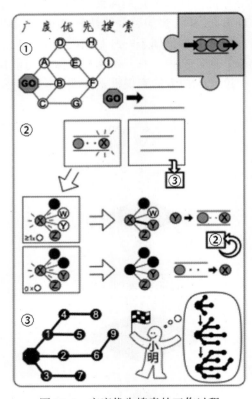

图 13-4　广度优先搜索的工作过程

13.6　深度优先搜索与广度优先搜索的对比

在深度优先搜索算法中，深度越大的节点越先得到扩展。如果在搜索中把算法改为按照节点的层次进行搜索，本层的节点没有搜索处理完时，就不能对下层节点进行处理，即深度越小的节点越先得到扩展，也就是说先产生的节点先处理，这时算法就变成了广度优先搜索。

在深度优先搜索中，算法表现得好像是要尽快地远离起点似的；相反，在广度优先搜索中，算法像是要尽可能地靠近起点，它首先访问起点的所有邻接节点，然后再访问较远的区域。深度优先搜索一般用栈（Stack）来实现，广度优先搜索一般用队列来实现。

1. 深度优先搜索的特点

❶ 深度优先搜索有递归和非递归两种设计方法。一般当搜索深度较小、问题递归方式较明显时，可以用递归方法设计，它可以使得程序结构更简洁易懂。当搜索深度和数据量较大时，由于计算机堆栈容量的限制，递归容易产生溢出，此时采用非递归方法设计比较好。

❷ 深度优先搜索有广义和狭义两种理解。广义的理解是，只要最新产生的节点（即深度最大的节点）先进行扩展，就称为深度优先搜索。在这种情况下，深度优先搜索有全部保留和不全部保留产生的节点两种情况；而狭义的理解是，仅仅只保留全部产生节点的算法。不保留全部节点的算法属于回溯算法范畴。保留全部节点的算法，实际上是在内存中产生一个节点之间的搜索树，因此也属于图搜索算法的范畴。

❸ 深度优先搜索找到的第一个解并不一定是最优解。如果要求出最优解的话，需要结合实际使用其他算法，例如，广度优先搜索或动态规划。

2. 广度优先搜索的特点

❶ 在产生新的子节点时，深度越小的节点越先得到扩展，即先产生它的子节点。为使算法便于实现，存放节点的数据结构一般使用队列。

❷ 无论问题性质如何不同，利用广度优先搜索解题的基本算法是相同的，但内存中每一节点的内容和产生式规则，根据不同的问题，有不同的内容和结构，就是同一问题也可以有不同的表示方法。例如，在本挑战中，使用一个包含了行号、列号和最短距离的列表来表示一个节点。

❸ 当节点到起点的费用（也称为耗散值）和节点的深度成正比时，特别是当每一节点到起点的费用等于深度时，用广度优先搜索得到的解是最优解；但如果不成正比，则得到的解不一定是最优解。

❹ 广度优先搜索一般需要存储产生的所有节点，占用存储空间要比深度优先搜索大得多。因此在实际编程中，必须考虑溢出和节省内存空间等问题。

❺ 广度优先搜索一般无回溯操作，即没有入栈和出栈的操作，所以运行速度会比深度优先搜索快。

总之，一般情况下，深度优先搜索占内存少，但速度较慢，广度优先搜索占内存多，但速度较快，且在距离和深度成正比的情况下能较快地求出最优解。因此在选择使用哪种算法时，需要综合考虑。

13.7 小结

本次挑战中，作者通过"海上营救"挑战，引入了广度优先搜索和队列的知识点，具体包括：

- 广度优先搜索策略；
- 队列；
- 深度优先搜索与广度优先搜索的对比。

广度优先搜索是一种完备策略，即只要问题有解，就一定可以找到。并且，在距离和深度成正比的情况下，广度优先搜索找到的解一定是路径最短的解。但是其盲目性较大，尤其是当目标节点距起始节点较远时，将产生许多无用的节点，因此搜索效率较低。而且其需要保存所有扩展出的状态，占用的空间较大。

13.8 巩固练习

一个矩形阵列由数字 0 到 9 组成，其中，数字 0 到 9 代表细胞数字，细胞的定义为沿细胞所在位置的上、下、左、右还是细胞数字，则为同一个细胞，请编写一个 Python 程序，计算给定矩形阵列的细胞个数。输入的第一行为矩阵的行 n 和列 m，随后为一个 $n \times m$ 的矩阵。输出细胞的个数。

```
样例输入：
4 10
0234500067
1034560500
2045600671
0000000089
样例输出：
4
```

CHALLENGE 14 牧场围栏 —— 凸包

14.1 挑战描述

农夫小明想要建造一个牧场围栏围住羊群，可是他资金匮乏，所以建造的围栏必须囊括羊群吃草的所有地点，如图 14-1 所示。已知所有草场地点的坐标，请帮助小明设计一个算法，计算能够围住草场地点的最小围栏长度。

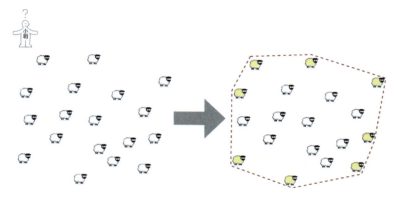

图 14-1　牧场围栏

14.2 解题思路

假设已建好了全部的围栏，那么可以通过两点间距离公式非常容易地计算出围栏总长度，所以本挑战的关键在于如何建立围栏，这是一个经典的计算几何问题 —— 凸包。试想一下，如果我们在一块木板上钉了 n 个钉子，然后用一个橡皮圈将所有钉子围了起来，那么被橡皮圈围起来的这个形状就称为这些点（钉子）的凸包（Convex Hull）。要计算的是能容纳这些点的最小凸形区域（如果一个区域中的任意两点之间的连线都在该区域内，就说它是凸形区域），即由这些点的"最外层"所连成的凸多边形。凸包示意图如图 14-2 所示。

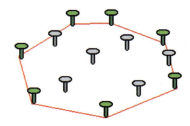

图 14-2　凸包示意图

> **小贴士**　随着科学技术的飞速发展以及计算机在国民经济各个领域中的普遍运用，计算机辅助设计（CAD）越来越为人们所重视。当前的 CAD 工作中，计算机远远不只是一种高效的计算工具，它已成为人们进行创造性设计活动的得力助手。计算几何作为 CAD 的基础理论之一，主要研究内容是几何形体的数学描述和计算机表述，它同计算机辅助几何设计（CAGD）有着十分密切的关系。

凸包的应用十分广泛，例如，求社交网络的最小化搜索，通过人际关系合理推断出某人的身份、职业等个性化特征。同时，凸包在图像处理、地理测绘、无线追踪、机器人路径规划等方面都有着广泛应用。很多最优化问题经过抽象后可以发现它最终是凸包问题。目前求解凸包的常用算法有：穷举法、分治法、扫描法等。

穷举法的思路非常简单直接，它利用了凸包的一个性质：当且仅当其余点都在连线的同一侧时，两点连线属于凸包。假设点集 V 中有 n 个顶点，那么这 n 个顶点可以构成 $\frac{n(n-1)}{2}$ 条边，对于每条边来讲，都要检查其余 $n-2$ 个顶点相对于其两侧的正、负性，如果 $n-2$ 个顶点都具有相同的正、负性，则说明该边是凸包的一条边；反之，该边就不属于凸包。因为穷举法要检查 $\frac{n(n-1)}{2}$ 条边，检查每条边还要判断 $n-2$ 次正、负性，所以它的时间频度 $T(n)=(\frac{n(n-1)}{2} \times (n-2))$，则它的时间复杂度为 $O(n^3)$。显然，当 n 的数值比较大时，穷举法并非一个高效算法。下面重点介绍通过扫描法来解决凸包问题，其时间复杂度可以达到 $O(n\log n)$。

扫描法是由数学家葛立恒（Graham）发明的，他曾经是美国数学学会（AMS）主席、AT&T 首席科学家。扫描法的核心思想是先找到凸包上的一个点，然后从那个点开始按逆时针方向逐个找到凸包上的所有点。首先要把所有点放在二维坐标系中，则纵坐标最小的点一定是凸包上的点，如图 14-3 中的 P_0，然后把所有点的坐标进行平移，使 P_0 作为原点。

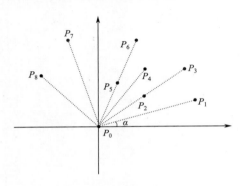

图 14-3　扫描法示意图

完成上述准备工作后，使用自然语言描述基于扫描法的"牧场围栏"挑战的算法，其步骤如下。

❶ 计算各点和 P_0 相对于水平轴的夹角 α，由于其余所有的点都在 P_0 上方，因此 α 的取值范围为 (0, 180)，实现上也可以用余切值代替角度值。按 α 值从小到大的顺序对各点排序，当 α 相同时，距离 P_0 比较近的排在前面。例如，由图 14-3 得到的排序结果为：P_1、P_2、P_3、P_4、P_5、P_6、P_7、P_8。由几何知识可以知道，结果中第一个点 P_0 和最后一个点 P_0 一定是凸包上的点。

❷ 从点 P_0 开始，依次连接每个（排好序的）点。每连接一个点，均需要检测连线的走向是否是逆时针（向左偏）的，如果是，则留下该点的前一个点，反之，则去除前一个点，并使之与前面第二个点直接连接。

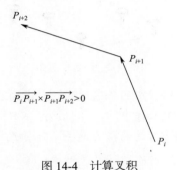

图 14-4　计算叉积

❸ 重复第❷步中的检测，直到所有点都被检测过为止，此时留下的所有点构成凸包。

在算法第❷步中，需判断三个点依次连成的两条线段的走向是否为逆时针，这里可以使用一个技巧，用这两条线段向量的叉积进行判断：如果叉积大于 0，就是逆时针；反之，则为顺时针或者共线，如图 14-4 所示。

> **小贴士** 叉积，又称向量积、叉乘，是一种在向量空间中关于向量的二元运算。与点积不同，它的运算结果是一个向量而不是一个标量。其应用十分广泛，通常应用于物理学、光学和计算机图形学中。关于叉积原理和具体应用方法请参考：https://www.shuxuele.com/algebra/vectors-cross-product.html。

实际应用中，扫描法计算凸包可以根据具体情况和习惯灵活应用，在下面的漫画中，小明就以最左侧（横坐标最小）点为 P_0，并通过顺时针（向右转）扫描的方式计算凸包（Graham 扫描法），一样是可行的，如图 14-5 所示。

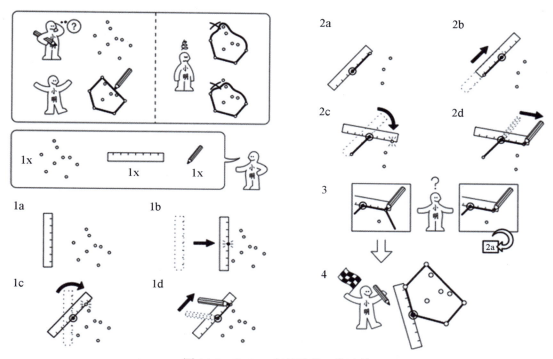

图 14-5　Graham 扫描法的工作过程

14.3　编程实现

请读者在 Anaconda 环境中，启动 JupyterLab 工具，新建一个 Notebook，并将文件名设置为"牧场围栏 .ipynb"，然后保存，接下来开始编写 Python 代码，示例代码及运行结果如下。

代码如下：

```
'''
作者：Syman
名称："牧场围栏"示例程序
'''
```

```python
import math
import matplotlib.pyplot as plt
import sklearn.datasets as datasets

# 返回 points 中纵坐标最小的点（P0）的索引，如果有多个纵坐标最小的点，则返回其中横
坐标最小的那个
def getBottomPoint(points):
    minIndex = 0  # 先假设索引 0 的点的纵坐标最小，再遍历其余所有点
    n = len(points)
    for i in range(1, n):
        # 先比较纵坐标，如果纵坐标相同，则比较横坐标
            if points[i][1]<points[minIndex][1] or (points[i]
[1]==points[minIndex][1] and points[i][0]<points[minIndex][0]):
            minIndex = i
    return minIndex


# 按照与 P0 的极角，对 points 进行从小到大排序（使用余弦值）
def sortPolarAngleCos(points, P0):
    n = len(points)
    rankList = []  # 排序编号列表
    cosList = []  # 余弦值列表
    hypotenuseList = []  # 斜边长列表
    for i in range(0, n):
        rankList.append(i)
        # 以 P0 为坐标系原点，平移 Pi
        pi = [points[i][0]-P0[0], points[i][1]-P0[1]]
        hypotenuse = math.sqrt(pi[0]*pi[0] + pi[1]*pi[1])  # 计算斜边长
        if hypotenuse == 0:
            cosList.append(1)
        else:
            cosList.append(pi[0] / hypotenuse)
        hypotenuseList.append(hypotenuse)
    # 排序：先比较余弦值，如果余弦值相同，则比较斜边长（距离 P0 的远近）
    for i in range(0, n-1):
        index = i + 1
        while index > 0:
            if cosList[index]>cosList[index-1] or (cosList[index]==cosList
[index-1] and hypotenuseList[index]>hypotenuseList[index-1]):
                # 同时交换两个点的排序编号、余弦值和斜边长
                tempRank = rankList[index]
                tempCos = cosList[index]
                tempHypotenuse = hypotenuseList[index]
                rankList[index] = rankList[index-1]
                cosList[index] = cosList[index-1]
                hypotenuseList[index] = hypotenuseList[index-1]
                rankList[index-1] = tempRank
```

```
                cosList[index-1] = tempCos
                hypotenuseList[index-1] = tempHypotenuse
                index = index-1
            else:
                break
    # 生成并返回排序后的结果
    sortedPoints = []
    for i in rankList:
        sortedPoints.append(points[i])
    return sortedPoints

# 计算两个向量的叉积
def crossProduct(v1, v2):
    return v1[0]*v2[1] - v1[1]*v2[0]

# 使用 Graham 扫描法计算凸包
def grahamScan(points):
    bottomIndex = getBottomPoint(points)  # 计算 P0 的索引
    bottomPoint = points.pop(bottomIndex)  # 弹出 P0
    sortedPoints = sortPolarAngleCos(points, bottomPoint)  # 排序
    if len(sortedPoints) < 2:
        print("点的数量过少，无法构成凸包！")
        return
    # stack 保存计算结果
    stack = []
    stack.append(bottomPoint)  # P0 入栈
    stack.append(sortedPoints[0])  # P1 入栈
    stack.append(sortedPoints[1])  # P2 入栈
    # 逐一检测每个顶点是否属于凸包
    for i in range(2, len(sortedPoints)):
        length = len(stack)
        top = stack[length-1]
        nextTop = stack[length-2]

        v1 = [sortedPoints[i][0]-nextTop[0], sortedPoints[i][1]-nextTop[1]]
        v2 = [top[0]-nextTop[0], top[1]-nextTop[1]]
        # 去除所有非逆时针（左转）走向的顶点
        while crossProduct(v1, v2) >= 0:
            stack.pop()  # 不属于凸包，出栈
            length = len(stack)
            top = stack[length-1]
            nextTop = stack[length-2]
            v1 = [sortedPoints[i][0]-nextTop[0], sortedPoints[i][1]-nextTop[1]]
            v2 = [top[0]-nextTop[0], top[1]-nextTop[1]]
```

```python
            # Pi 入栈
            stack.append(sortedPoints[i])
    return stack

def main():
    # 定义测试用的 13 个点集
    points = [[1.1, 3.6],[2.1, 5.4],[2.5, 1.8],[3.3, 3.98],[4.8, 6.2],
              [4.3, 4.1],[4.2, 2.4],[5.9, 3.5],[6.2, 5.3],[6.1, 2.56],
              [7.4, 3.7],[7.1, 4.3],[7, 4.1]]
    # 使用 matplotlib 绘制点集
    for p in points:
        plt.scatter(p[0], p[1], marker='o', c='g')
    # 调用扫描法函数计算凸包
    result = grahamScan(points)
    print(f"凸包点集:{result}")
    # 使用 matplotlib 绘制凸包
    length = len(result)
    for i in range(0, length-1):
        plt.plot([result[i][0], result[i+1][0]], [result[i][1], result[i+1][1]], c='r')
    plt.plot([result[0][0], result[length-1][0]], [result[0][1], result[length-1][1]], c='r')

    plt.show() # 显示绘图

if __name__ == "__main__":
    main()
```

运行结果为：

凸包点集:[[2.5, 1.8], [6.1, 2.56], [7.4, 3.7], [7.1, 4.3], [6.2, 5.3], [4.8, 6.2], [2.1, 5.4], [1.1, 3.6]]

在上面的示例程序中，使用 Python 中的 matplotlib 库绘制点集与凸包，关于 matplotlib 的具体用法，将在本书下篇中介绍。同时，程序并没有计算凸包（围栏）的长度，这个工作留给读者自行完成。

14.4 小结

本次挑战中，作者通过"牧场围栏"挑战，引入了凸包的知识点，希望各位读者能够掌握计算给定点集的凸包的基本思想，具体包括：
- 凸包的定义与应用场景；
- 穷举法；
- Graham 扫描法。

相对前面的内容，凸包具有一定的难度，是读者学习算法的一个挑战，但也仅仅只是撩开了计算几何学算法和技术神秘面纱的一角。尽管几何学从远古起就有人研究，但用于解决几何问题的算法方面的发展相对来说却是比较新的。最早的用于描述问题复杂性的记号表示是由 E.Lemoine（法国数学家）于 1902 年提出的。当时，他正致力于研究欧几里得构造，即用指南针和尺子所做的构造，并设计出了 5 条原语：① 将指南针的一个指针放在某一给定点上；② 将指南针的一个指针放在某一给定的线上；③ 画一个圆；④ 使尺子的边通过某一给定的点；⑤ 画一条直线。

14.5 巩固练习

某公司生产了一种金属制品，是由一些笔直的金属条连接起来的，金属条间的交点被焊接到一起。现在由于美观需求，要把这个产品用一层特殊的材料包裹起来。公司为了节约成本，希望消耗的包裹材料最少（不计裁剪时的边角料损失）。请编写一个 Python 程序，输入包括该产品的顶点的个数以及所有顶点的三维坐标，输出包裹这个产品所需要的材料的最小面积，结果精确到小数点后第六位（四舍五入）。提示：给定立体空间的 n 个顶点，求其三维凸包的面积。

```
样例输入：
4
0 0 0
1 0 0
0 1 0
0 0 1
样例输出：
2.366025
```

CHALLENGE 15 传递情报 —— 加密算法

15.1 挑战描述

小明和他的朋友们想要通过互联网建立一个绝密情报传递机制,那么,如何阻止具有恶意的第三方在网络上截获信息呢?对于普通大众来说,一般是使用诸如 WinRAR 等工具对文件进行加密压缩,然后再通过电子邮件或者 QQ 等通信工具把加密后的文件发送出去,同时,通过发短信或者打电话的方式把解压密码告诉接收方。但是,如果是重大的绝密情报,这种做法传递的信息显然非常容易被窃取并破解。那么怎么办呢?

请帮助小明设计一种情报加密系统,加密和解密使用不同的密码:假设分别为密码 A 和密码 B,使用密码 A 对数据 D 进行加密得到加密数据 $E=f(A,D)$。但是,知道密码 A 和加密数据 E 并无法解密出数据 D,必须使用另一个密码 B 才可以还原数据 $D=f(B,E)$。小明只需公布密码 A,他的朋友们通过公开渠道拿到密码 A 并对情报进行加密,再通过任意的(无须保护)方式发给小明进行解密。这样一来,即使所有的通信被监听,第三方也不可能拿到真实的情报,达到了信息安全的目的。以下漫画解释了这个过程,如图 15-1 所示。

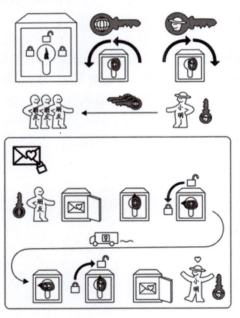

图 15-1 传递情报

小贴士

密码学世界有一个柯克霍夫原则:即使密码系统的任何细节已为人熟知,只要密钥(Key)未泄露,它也应是安全的。无论是在战争时期还是和平时期,都不能把保密的希望寄托于系统或算法的秘密性。机械可以拆解,软件可以反编译。密码系统的所有细节总会被有心人一一拆解。这个时候，如果系统符合柯克霍夫原则，那么即使对手拆解了系统，但他不知道密钥，也没有办法破译加密的信息。满足这种严苛条件的密码系统才是安全的。

15.2 解题思路

先来看一个数学小魔术：让对方任意想一个三位数，并把这个数和 91 相乘，然后说出乘积的最后三位数，就可以猜出对方想的是什么数字。例如，对方想的是 123，计算出 $123 \times 91 = 11193$，并把结果的最后三位数 193 告诉你。看起来，这么做似乎损失了不少信息，可能无法推导出原来的数。但只需要把对方报出的数字再乘以 11，乘积的最后三位就是对方刚开始想的数字了。可以验证一下，$193 \times 11 = 2123$，最后三位正是对方所想的秘密数字。

小魔术的道理其实很简单，91 乘以 11 等于 1001，而任何一个三位数乘以 1001 后，最后三位显然都不会变，例如，123 乘以 1001 就等于 123123。先让对方用他所想的数字乘以 91，假设乘积为 X，再在 X 的基础上乘以 11，其结果就相当于把原数乘以了 1001，最后三位自然就变了回去。X 乘以 11 后的最后三位是什么只与 X 的最后三位有关，因此，对方只需要报出 X 的最后三位就行了，这并不会丢失信息。

基于上述原理，我们可以构造一个定义域和值域更大的加密/解密系统。例如，任意一个数字乘以 400000001 后，最后八位都不变，而 $400000001 = 19801 \times 20201$，于是你乘以 19801，我乘以 20201，一个加密/解密系统就构造好了。我们甚至还可以构造一个更大的系统：$400000000000000000000000000001 = 1199481995446957 \times 3334772856269093$，这样我们就成功构造了一个 30 位的加密解密系统。任何人都可以按照这个方法加密一个数字，但是只有自己才知道怎么把所得的密文变回去。但如果仅仅按照上面的思路，对方也知道了原理，其实是可以比较容易地穷举出 400000001 这个目标值的。要解决这个问题，我们来看看真实世界是如何处理的。

1976 年以前，所有的加密方法都使用如下模式：
- 甲方选择某一种加密规则，对信息进行加密；
- 乙方使用同一种规则，对加密后的信息进行解密。

由于加密和解密使用同一种规则（简称"密钥"），被称为"对称加密算法"。这种加密模式有一个最大的弱点：甲方必须把加密规则告诉乙方，否则无法解密。这样一来，保存和传递密钥就成了最让人头疼的问题。尤其是在相关人数多了之后，每两个人都要互相商量一个密钥，复杂性大大提高，而传递密钥则带来更高的安全风险。直到 1977 年，李维斯特、沙米尔和艾德曼设计了一种算法，可以实现非对称加密。这种算法用三个人的名字命名，称为 RSA 算法。直到现在，RSA 算法一直是应用最广泛的非对称加密算法。可以毫不夸张地说，只要有计算机网络的地方，就有 RSA 算法，其非对称加密模式的流程如下：
- 乙方生成两把密钥（公钥和私钥），其中，公钥是公开的，任何人都可以获得，私钥则是保密的；
- 甲方获取乙方的公钥，然后用它对信息进行加密；

- 乙方得到加密信息后，使用私钥解密。

RSA 算法为什么更加安全呢？由于公钥加密的信息只有私钥解得开，因此只要私钥不泄露，通信过程就是安全的。在数学世界里，有一些公认的、需要消耗极大计算量才能得出结果的难题，如大数因式分解问题、离散对数问题、椭圆曲线问题，RSA 算法正是用到了大数因式分解这个不对称难题。例如，对于前面构造的 30 位加密系统：

$$400000000000000000000000000001=1199481995446957 \times 3334772856269093$$

反过来算乘积非常容易，但是要把 400000000000000000000000000001 分解成两个乘数，在没有计算机的时代几乎是不可能完成的任务。而一旦当数字长达数百位时，即使是超级计算机，也需要耗费海量的时间来计算才有可能分解。

> **小贴士** 以比特币为代表的各种区块链币之所以被称为加密数字货币，就是因为密码学是比特币设计的重要安全基石，用以确保货币流通各个环节的安全性。比特币使用的加密算法被称为椭圆曲线算法（ECC），是另一种著名的非对称算法。相较于著名的非对称算法 RSA，ECC 算法的数学理论非常深奥和复杂，在工程应用中比较难于实现，但它的单位安全强度相对较高。

使用自然语言描述 RSA 算法如下。

（1）密钥生成

为了产生两个密钥，选取两个大素数 p 和 q，为了获得最大程度的安全性，一般两数的长度一样，然后计算乘积 $n=p \times q$。随机取加密密钥 e（最常用的三个 e 值为：3、17 和 65537），使得 e 和 $(p-1)(q-1)$ 互素，最后采用扩展欧几里得算法计算解密密钥 $d=1/e$ mod $(p-1)(q-1)$。注意：d 和 n 也是互素的。计算得到的 e 和 n 是公钥，d 则是私钥。

（2）加密 / 解密

设 A 为明文，B 为密文，则：

$$A=B^d \bmod n$$

$$B=A^e \bmod n$$

一般使用公钥加密、私钥解密，其中 d 和 e 可以互换使用，即：

$$B=A^d \bmod n$$

$$A=B^e \bmod n$$

（3）运算速度

由于 RSA 进行的都是大数计算，因此无论是使用软件还是硬件实现，即使在最快情况下，RSA 也比对称加密算法慢上好几倍。运算速度一直是 RSA 的缺点，一般来说它只用于少量数据加密。

15.3 编程实现

请读者在 Anaconda 环境中，启动 JupyterLab 工具，新建一个 Notebook，并将文件名设置为"传递情报 .ipynb"，然后保存，接下来开始编写 Python 代码，示例代码及运行结果如下。

代码如下:

```
'''
作者: Syman
名称: "传递情报"示例程序
'''

import math, random

# 基于米勒-拉宾素数检验(Miller-Rabin prime test)判断一个大数是否为素数
def MillerRabin(num):
    s = num - 1
    t = 0
    while s%2 == 0:
        s //= 2
        t += 1
    for trials in range(5):
        a = random.randrange(2,num-1)
        v = pow(a,s,num)
        if v!=1:
            i = 0
            while v!=(num-1):
                if i == t-1:
                    return False
                else:
                    i += 1
                    v = (v**2)%num
    return True

# 判断 num 是否为素数
def isPrime(num):
    if num<2:
        return False
    lowPrimes = [2, 3, 5, 7, 11, 13, 17, 19, 23, 29, 31, 37, 41, 43, 47,
53, 59, 61, 67, 71, 73, 79, 83, 89, 97, 101, 103, 107, 109, 113, 127, 131,
137, 139, 149, 151, 157, 163, 167, 173, 179, 181, 191, 193, 197, 199, 211,
223, 227, 229, 233, 239, 241, 251, 257, 263, 269, 271, 277, 281, 283, 293,
```

```
307, 311, 313, 317, 331, 337, 347, 349, 353, 359, 367, 373, 379, 383, 389,
397, 401, 409, 419,421, 431, 433, 439, 443, 449, 457, 461, 463, 467, 479,
487, 491, 499, 503, 509, 521, 523, 541, 547, 557, 563, 569, 571, 577, 587,
593, 599, 601, 607, 613, 617, 619, 631, 641, 643, 647, 653, 659, 661, 673,
677, 683, 691, 701, 709, 719, 727, 733, 739, 743, 751, 757, 761, 769, 773,
787, 797, 809, 811, 821, 823, 827, 829, 839, 853, 857, 859, 863, 877, 881,
883, 887, 907, 911, 919, 929, 937, 941, 947, 953, 967, 971, 977, 983, 991,
997]
    if num in lowPrimes:
        return True
    for prime in lowPrimes:
        if num % prime==0:
            return False
    return rabinMiller(num)


# 产生一个大素数
def generateLargePrime(keysize=2048):
    while True:
        num = random.randrange(2**(keysize-1),2**keysize)
        if isPrime(num):
            return num


# 使用辗转相除法求 a 和 b 的最大公约数
def gcd(a, b):
    while a != 0:
        a, b = b % a, a
    return b


# 求模逆,a 的模逆元素(对 m 取模)为 x,意味着 a*x mod m=1
def findModInverse(a, m):
    if gcd(a, m) != 1:
        return None
    u1, u2, u3 = 1, 0, a
    v1, v2, v3 = 0, 1, m
    while v3 != 0:
        q = u3 // v3
        v1, v2, v3, u1, u2, u3 = (u1 - q * v1), (u2 - q * v2), (u3 - q * v3), v1, v2, v3
```

```python
        return u1 % m

# 产生一个 RSA 密钥
def generateRSAkey(keySize=1024):
    p = generateLargePrime(keySize)
    q = generateLargePrime(keySize)
    n = p * q
    while True:
        e = random.randrange(2 ** (keySize - 1), 2 ** (keySize))
        if gcd(e, (p - 1) * (q - 1)) == 1:
            break
    d = findModInverse(e, (p - 1) * (q - 1)) # 计算模逆
    publicKey = (n, e) # 生成公钥
    privateKey = (n, d) # 生成私钥
    return (publicKey, privateKey)

def main():
    publicKey,privateKey = generateRSAkey(128)
    info = "syman" # 测试用明文
    info = info.encode('ascii')
    info = list(info)
    cipher = [] # 测试用密文
    for e in info: # 对 info 加密
        cipher.append(pow(e, publicKey[1], publicKey[0]))
    print(f"密文:{cipher}")
    de = []
    for c in cipher: # 解密
        de.append(pow(c, privateKey[1], privateKey[0]))
    info = bytes(de).decode('ascii')
    print(f"明文:{info}")

if __name__ == "__main__":
    main()
```

运行结果为:

密文:[27388430679252258012462453818973322496987212346977680608941254838 2065148977657, 19949852501019680793659426961103699562084633227586152212977

```
247899897624474680, 311835392296248726694244137862213173285847358944629357
68987361392871264163435, 363613279835654675727816317877225283981221323859
5367396017896380690224616891, 208574839807971498550507508521326664683669323
69212300686678817500976559764912]
明文：syman
```

> **小贴士**：米勒-拉宾素数检验（Miller-Rabin Prime Test）是一种素数判定法则，利用随机化算法判断一个数是合数还是素数。卡内基梅隆大学教授 Gary Lee Miller 首先提出了基于广义黎曼猜想的确定性算法，由于广义黎曼猜想并没有被证明，其后由以色列耶路撒冷希伯来大学教授 Michael O. Rabin 做出修改，提出了不依赖于该假设的随机化算法。想要深入了解米勒-拉宾素数检验的读者可以参阅：https://www.geeksforgeeks.org/primality-test-set-3-miller-rabin/。

15.4 小结

本次挑战中，作者通过"传递情报"挑战，引入了密码学的知识点，希望各位读者能够掌握极具实用价值的非对称加密的基本思想，具体包括：

- 对称加密与非对称加密；
- RSA 算法。

信息安全的概念在 20 世纪经历了一个漫长的发展阶段，90 年代以来得到了深化。进入 21 世纪，随着信息技术的不断发展，信息安全问题也日显突出，如何确保信息系统的安全已成为全社会关注的问题。

RSA 算法突破了单密钥加密技术，可以实现陌生人之间的秘密通信，即加密者可以公开加密密钥，使其成为公钥，而将解密密钥保密，作为私钥。但是，如果 RSA 算法的假设不成立，即 n 能被因式分解成功，甚至在多个相关信息用同样的密钥加密时，RSA 算法就很容易被攻破了，由此 RSA 算法的安全性会受到挑战。特别是随着基于量子计算机的新算法的出现，RSA 算法终将被替代。

15.5 巩固练习

软件工程师在开发一个网站时，通常都需要实现登录功能，要求用户输入账户和密码以验证其身份。如果账户和密码以明文传输，有可能在中途被第三方拦截，尤其是在网吧等公共场所。请基于 RSA 算法编写一个 Python 程序，模拟实现如下功能，假设该网站中存在一个账户为"syman"的合法用户，其密码为"password"。

- syman 请求网站生成一个 RSA 公钥/私钥对。
- syman 使用网站生成的公钥对自己的密码加密。
- syman 将自己的账户和加密后的密码发给网站进行验证。
- 网站使用私钥进行解密，验证用户合法性，并将结果返回（打印）给 syman。

下 篇
AI 应用

CHALLENGE

CHALLENGE 16 制作城市经济热力图——数据处理与 numpy 库

16.1 挑战描述

随着移动互联网和可穿戴设备的兴起与不断发展，数据产生的途径和方法越来越多，一部智能手机就可以让用户轻松地了解生活中不同方面的信息。例如，当我们在线买菜时，一个 App 可以记录下购买信息，并且可以生成一份家中食物储存清单，然后根据之前浏览或者收藏过的菜谱，按照我们的日常生活习惯，结合原材料的储存情况生成一份推荐晚餐菜谱，我们也可以通过追踪摄入食物的卡路里、维生素的含量来更加精准地了解自己的健康水平。

这些数据可能会被企业收集，并进行深度的分析和挖掘，以创造更大的商业价值。互联网的数字化特征给数据分析带来了革命性的突破，改变了以往"数据匮乏"的特征，反而在一定程度上形成了"数据过剩"，所以数据分析师需要借助更加高效的手段进行数据处理。本书下篇将着重介绍基于各种 Python 工具库的数据处理方法和人工智能应用。

热力图（Heat Map），也称热图、热点图，是通过密度函数进行可视化，用于表示地图中点的密度。作为一种密度图，热力图一般通过颜色差异来呈现数据效果，热力图中亮色一般代表事件发生频率较高或事物分布密度较大，暗色则反之。值得一提的是，热力图最终效果常常优于离散点的直接显示，可以在二维平面或者地图上直观地展现空间数据的疏密程度或频率高低。热力图应用非常广泛，在产品的交互设计越来越重要的今天，热力图的地位也越来越不可替代。

绘制热力图一般遵循以下三个原则。

❶ 某个位置上数据点的权重越大，显示越显著，在视觉上形成一个从中心向外灰度渐变的圆。

❷ 数据点利用灰度叠加原理相互叠加，每个像素点均需计算数据点叠加后的灰度值。圆半径属性主要表示数据点的影响范围，起缓冲作用，一般为了便于处理，所有圆半径均相同，只从权重不同来分辨。

❸ 根据灰度值在彩色色带中进行颜色映射，对图像进行着色，从而最终得到热力图。

给定一份 2017 年中国 100 个主要城市的经济、人口和地理信息数据，请读者用 Python 编写一个程序，绘制一份城市经济热力图。

16.2 解题思路

使用自然语言描述"制作城市经济热力图"挑战的算法，其步骤如下。

CHALLENGE 16
制作城市经济热力图——数据处理与 numpy 库

❶ 使用 numpy 库从数据文件"GDP.xls"（可从本书配套网站下载）中读取 100 个城市的经济、人口和地理信息，以各个城市的人均 GDP 数据为权重，生成热力数据。
❷ 使用 folium 库绘制中国地图。
❸ 将热力数据粘贴到地图上，并导出地图文件。

numpy 库是本挑战的核心知识点，将在后面重点介绍。folium 库是 Python 中功能强大的数据可视化库，主要用于可视化地理空间数据。使用 folium 库，只需要知道纬度和经度信息，就可以创建世界上任何位置的地图。此外，folium 库创建的地图是可交互的，因此可以对地图进行放大、缩小等有关的操作。可以使用命令 pip install folium 来安装 folium 库。

16.3 编程实现

请读者在 Anaconda 环境中，启动 JupyterLab 工具，新建一个 Notebook，并将文件名设置为"制作城市经济热力图.ipynb"，然后保存，接下来开始编写 Python 代码，完整程序代码如下。

代码如下：

```python
'''
作者：Syman
名称："制作城市经济热力图"示例程序
'''

import numpy as np
import pandas as pd
import folium
from folium.plugins import HeatMap
import webbrowser

data = pd.read_excel(r"GDP.xls")  # 使用 pandas 库读入待处理的 Excel 文件
cityNum = 100  # 共分析 100 个城市
lat = np.array(data["LAT"][0:cityNum])  # 获取纬度值
lon = np.array(data["LON"][0:cityNum])  # 获取经度值
pop = np.array(data["POP"][0:cityNum], dtype=float)  # 获取人口数，转化为浮点型
gdp = np.array(data["GDP"][0:cityNum], dtype=float)  # 获取 GDP，转化为浮点型
gdpAverage = np.array(posi["GDP_Average"][0:cityNum],dtype=float)  # 获取人均 GDP，转化为浮点型
```

```python
# 将数据制作成 [ 纬度，经度，权重 ] 的形式
data = [[lat[i], lon[i], gdpAverage[i]] for i in range(cityNum)]
# 生成地图数据，初始缩放程度为 6 倍
mapData = folium.Map(location=[35, 110], zoom_start=6)
# 将热力图添加到地图里
HeatMap(data).add_to(mapData)
# 将结果保存为 html（网页）文件
filePath = r"result.html"
mapData.save(filePath)
# 使用默认浏览器打开网页
webbrowser.open(filePath)
```

16.4 数据处理

当今世界，"大数据"正在深度改变原有的商业模式、生活方式、教育手段和思维观念，对全球发展产生深远的影响。面对新形势的挑战，一些国家相继制定并实施了大数据战略，大力推动大数据的发展和应用。运用大数据推动经济发展、完善社会治理、提升政府服务和监管能力，已经成为一种趋势。"数据是新的石油，是本世纪最为珍贵的财产之一"，大数据正在改变各国综合国力，重塑未来国际战略格局。我国大数据起步相对较晚，但得到了国家的高度重视，并被提升到国家战略层面。

2012 年由微软、IBM、谷歌、HP、MIT、斯坦福、加州大学伯克利分校等产业界和学术界的数据库领域专家共同发布了一份关于大数据的白皮书。白皮书建议用现有的成熟技术解决大数据带来的挑战，并提出了大数据的处理过程大致可分为数据获取/记录、信息抽取/清洗/注记、数据集成/聚集/表现、数据分析/建模和数据解释等五个主要阶段。本书作者基于以上白皮书和近年来大数据领域的发展与最新成果，重新将数据的处理过程归纳为数据获取、数据清洗、数据探索、数据建模和结果报告五个步骤，如图 16-1 所示。

图 16-1　数据处理过程

1. 数据获取

大数据一般都来自多个不同的源头，并且大多是以动态数据流的形式产生的。因此，大数据中常常包含不同形态的干扰数据。另外，数据采样算法缺陷与设备故障也可能会给大数据带来干扰。大数据普遍存在冗余现象，这是由于大数据的多源性导致了不同源头的数据中存在有相同的数据，从而造成数据的绝对冗余；另外，就具体的应用需求而

CHALLENGE 16
制作城市经济热力图——数据处理与 numpy 库

言,大数据可能会提供超量,特别是超精度的数据,这又形成数据的相对冗余。消除干扰和消除冗余是提高数据质量和降低数据存储成本的基础,而数据获取正是进行这方面的工作。

根据用户提出的待处理问题,对原始的数据进行智能化的处理,将不需要的信息进行过滤,生成正确的数据源并进行记录是数据处理的第一步。

常用的数据获取途径包括内部来源和外部来源,内部来源包括企业内部数据库、传感器数据、问卷调查等;外部来源包括互联网公开信息、付费数据、基于爬虫的网络采集数据等。

2. 数据清洗

在信息搜集的时候会得到很多不符合要求的数据,例如,不完整的数据、错误的数据和重复的数据等,称为"脏数据"。脏数据不能直接用来分析,必须将需要的数据从众多类型的基础数据中抽取出来。数据清洗是一个反复的过程,它的任务是过滤脏数据,将过滤的结果交给业务主管部门评估,确认是否进行过滤或由业务单位修正之后再进行抽取。

一般来说,数据清洗是将数据库精简以除去重复记录,并使剩余部分转换成标准可接收格式的过程。数据清理标准模型是将数据输入数据清理处理器,通过一系列步骤清理数据,然后以期望的格式输出清理过的数据。数据清洗从数据的准确性、完整性、一致性、唯一性、适时性、有效性几个方面来处理数据的丢失值、越界值、不一致代码、重复数据等问题。数据清洗一般是由计算机而不是人工完成的。

3. 数据探索

数据探索的第一步是数据集成。大数据处理不能仅仅对数据进行记录,因为存在大量的不同格式、特点和来源的数据,如果这些数据不经处理直接进行存储,那么其他人就无法查改数据,更无从谈起对数据的使用。数据集成是把不同来源、格式、特点性质的数据在逻辑上或物理上有机集中,从而为使用者提供全面的数据共享。当前,在企业数据集成领域,已经有了很多成熟的框架可以利用,最常用的是联邦式、基于中间件模型和数据仓库等方法来构造集成的系统,这些技术在不同的着重点和应用上解决数据共享问题和为用户提供决策支持。

数据探索的第二步是数据可视化。数据可视化借助于图形化手段,清晰有效地传达与沟通信息。但是,这并不意味着数据可视化就一定因为要实现其功能用途而令人感到枯燥乏味,或者是为了看上去绚丽多彩而显得极端复杂。为了有效地传达思想概念,美学形式与功能需要齐头并进,通过直观地传达关键的方面与特征,从而实现对于稀疏而又复杂的数据集的深入洞察。然而,设计人员往往并不能很好地把握设计与功能之间的平衡,以至创造出华而不实的数据可视化形式,无法达到其主要目的。数据可视化与信息图形、信息可视化、科学可视化以及统计图形密切相关。当前,在研究、教学和开发领域,数据可视化是一个极为活跃而又关键的方面。

有些时候,在完成数据探索工作后,可能会发现需要对数据进行二次清洗,以进一步提高特征的敏感度。

4. 数据建模

在图书馆里，我们需要对所有的书进行分类，并将它们摆放在书架上，以确保可以轻松地阅读每本书。同样，如果我们有大量的数据，也需要一个系统或方法来维持一切正常。

数据建模是指对现实世界各类数据的抽象组织，确定数据库管辖的范围、组织形式等，最终转化成现实的数据库。数据建模过程中的主要活动包括：确定数据及其相关过程、定义数据、确保数据的完整性、定义操作过程、选择数据存储技术。传统的小数据分析是建立在关系数据模型之上的，主题之间的关系被创立在系统内，分析也在此基础上进行。

而在信息高度发达的现实世界里，很难在所有的信息之间以一种正式的方式建立关系，非结构化数据以文本、图像、声音、影视、超媒体等形式存在，在互联网上的信息内容形式中占据了很大比例。随着"互联网+"的实施，将会有越来越多的非结构化数据产生。据预测，非结构化数据将占据所有数据的 70%～80% 以上。经过多年的发展，结构化数据建模技术已经形成了相对比较成熟的技术体系。而非结构化数据没有限定结构形式，表示灵活，蕴含丰富的信息。因此，综合看，在大数据建模中，掌握非结构化数据处理技术是至关重要的。

5. 结果报告

大数据的效果价值在于让用户理解数据的分析结果，而仅仅向用户提供分析结果是不够的，还需要向用户解释这种结果是如何产生的。因此，对数据的解释不能凭空出现，通常包括检查所有提出的假设并对分析过程进行追踪，不断向用户提供附加资料。由于大数据本身的复杂性，这一过程特别具有挑战性，是一项非常重要的内容，是整个数据处理过程的最终目标。

以上五个过程，可以帮助我们更加有效地理解和使用数据，使得数据集发挥最大的分析价值。同时，这五个过程也是利用人工智能技术进行进一步深度学习的基础。

16.5 numpy 库

在本挑战的示例代码中，我们使用到了 numpy 库，numpy 是 Numerical Python 的缩写，从字面上就可以看出，numpy 是用来处理科学计算的，它可以让用户便捷地使用各种数学函数，高效地处理庞大的多维数组和矩阵。

相信有些读者会有一个疑问：既然 Python 中已经提供了非常丰富的工具，例如，列表、集合等容器以及强大的 math 数学库，为什么还需要学习诸如 numpy 等工具库呢？首先是因为 numpy 库具有高性能，numpy 库的很多功能都是直接用 C 语言实现的，这就使得我们在使用 numpy 库进行科学计算时，性能会比直接使用 Python 好很多。其次，numpy 库提供多维的数组对象，具备极强的矢量运算能力。熟悉线性代数的读者会知道，在线性代数中有非常多的关于矩阵的计算，例如，矩阵乘法、矩阵转置等，如果要在 Python 中实现这些计算，有很多功能需要自己来开发，而 numpy 库本身就提供了这样的功能，使开发效率得到提高。

CHALLENGE 16

制作城市经济热力图——数据处理与 numpy 库

1. numpy 的一维数组

numpy 中处理一维数组的数据结构是 ndarray。ndarray 与 Python 中的列表有许多相似之处，例如，都可以通过位置（索引）或切片来访问元素。但 ndarray 与 Python 中的列表还有如下不同之处：

- 列表元素可以是任意类型的组合，ndarray 中的元素类型必须相同（不同时 numpy 会自动做类型转换）；
- ndarray 中有 mean()（求平均值）、std()（求标准差）等与科学计算相关的内置函数；
- ndarray 可以更方便地对多维数组进行运算。

创建一个 ndarray，可以通过如下方式：

```python
# 引入 numpy 库
import numpy as np
data = [1, 2, 3]
# 通过列表 data 创建一个 ndarray
array = np.array(data)
```

下面来看一个统计一天 24 小时某地气温的示例代码及其运行结果。

代码如下：

```python
import numpy as np

hours = np.array(["12AM","1AM","2AM","3AM","4AM","5AM","6AM","7AM","8AM","9AM","10AM","11AM","12PM","1PM","2PM","3PM","4PM","5PM","6PM","7PM","8PM","9PM","10PM","11PM"])
temps = np.array([20,21,22,23,24,25,26,27,28,29,30,31,31,30,29,28,27,26,25,24,23,22,21,20]) # 24 小时的气温
print(f"变量 hours 和 temps 的类型是 {type(hours)} 和 {type(temps)}")

# 遍历并打印每个小时的气温
index = 0
for i in hours:
    print(f"{i}:{temps[index]}度", end=" ")
    index += 1
print() # 换行

# 利用 numpy 内置函数统计分析气温
print(f"温度总和：{temps.sum()}")
print(f"温度标准差：{temps.std()}")
print(f"温度平均值：{temps.mean()}")
print(f"温度最大值：{temps.max()}")
print(f"温度最小值：{temps.min()}")
```

运行结果为：

```
变量 hours 和 temps 的类型是<class 'numpy.ndarray'>和<class 'numpy.ndarray'>
12AM:20度 1AM:21度 2AM:22度 3AM:23度 4AM:24度 5AM:25度 6AM:26度 7AM:27
度 8AM:28度 9AM:29度 10AM:30度 11AM:31度 12PM:31度 1PM:30度 2PM:29度 3PM:28度
4PM:27度 5PM:26度 6PM:25度 7PM:24度 8PM:23度 9PM:22度 10PM:21度 11PM:20度
温度总和：612
温度标准差：3.452052529534663
温度平均值：25.5
温度最大值：31
温度最小值：20
```

> **小贴士**　标准差（Standard Deviation）是一组数值相对于平均值分散程度的一种度量。一个较大的标准差，代表大部分的数值和其平均值之间差异较大；一个较小的标准差，代表这些数值较接近于平均值。例如，两组数的集合 {0, 5, 9, 14} 和 {5, 6, 8, 9} 其平均值都是 7，但第二个集合具有较小的标准差。

2. numpy 的矢量运算

将一个 ndarray 数组加上一个数值（标量）之后的结果是什么？是仅仅将数组第一个元素加上数值，还是将全部元素都加上数值，或是将该数值追加到数组的末尾？先来看下面的例子。

代码如下：

```python
import numpy as np
import pandas as pd

data = pd.read_excel(r"GDP.xls") # 使用 pandas 库读入待处理的 Excel 文件
cityNum = 10 # 共分析 10 个城市
gdp = np.array(data["GDP"][0:cityNum]) # 获取 GDP
print(f"运算前：{gdp}")
gdp += 1000 # 矢量加标量
print(f"运算后：{gdp}")
```

运行结果为：

```
运算前：[30133 28000 22286 21500 19530 18595 17000 13890 13400 12556]
运算后：[31133 29000 23286 22500 20530 19595 18000 14890 14400 13556]
```

从上面的例子可以看出，答案是将数组全部元素都加上了数值。numpy 库的 ndarray 数组非常实用，因为它使得程序员不用编写循环语句即可对数据执行批量运算，称为矢量化（Vectorzation）。

同理，如果将一个矢量加上另一个矢量，也是将对应位置上的元素进行相加。

代码如下：

```
increment = np.array([100,200,300,400,500,600,700,800,900,1000])
gdp += increment  # 矢量加矢量
print(f"运算后：{gdp}")
```

运行结果为：

运算后：[31233 29200 23586 22900 21030 20195 18700 15690 15300 14556]

numpy 库支持的主要矢量运算类型如下。
- 加（+）、减（-）、乘（*）、除（/）、求幂（**）。
- 与（&）、或（|）、非（~），当操作数是布尔型时，执行与或非操作；当操作数为整型时，执行按位的与或非。
- 各种逻辑运算符（<、<=、>、>=、!=、==）。

3. numpy 的索引数组

numpy 与一般的 Python 容器相比提供了更多的索引方式。除使用整数和切片索引外，还可以使用整数数组索引、布尔索引以及花式索引。下面以整数数组索引和布尔索引为例来介绍。

代码如下：

```
index = np.array([0,1,2])
print(f"索引后：{gdp[index]}")
```

运行结果为：

索引后：[31233 29200 23586]

上面例子中的 index 是一个整数数组索引，取出 gdp 数组中前三位的元素。
代码如下：

```
index = np.array([True,True,True,True,True,False,False,False,False,False])
print(f"索引后：{gdp[index]}")
```

运行结果为：

索引后：[31233 29200 23586 22900 21030]

上面例子中的 index 就是一个布尔索引数组，通过 index 可以找出值为 True 的对应的目标数组中的数据。需要注意的是，布尔索引数组的长度必须与目标数组长度保持一致。还可以设置一些筛选过滤条件，通过数组的逻辑运算来作为索引（实际上数组的逻辑运算的结果，也就是一个布尔数组），示例代码及运行结果如下。

代码如下：

```
index = np.array([True,True,True,True,True,False,False,False,False,False])
print(f"索引后：{gdp[gdp>20000]}")
```

运行结果为：

```
索引后：[31233 29200 23586 22900 21030 20195]
```

4. numpy 的二维数组

直观上，可以将 numpy 的二维数组理解为 Python 中列表的列表。访问 numpy 的二维数组元素需要通过 [下标1,下标2] 方式，而非二维数组通常采用的 [下标1][下标2] 方式。下面通过一个具体的例子来学习 numpy 的二维数组，该示例统计分析了五个城市一天当中六个时间段的气温，示例代码及运行结果如下。

代码如下：

```python
import numpy as np

# 每一行为五个城市（编号1~5）在某个时间段的气温值
cityTemps = np.array([
    [10, 20, 30, 5, -5], # 时段1
    [15, 25, 35, 10, 0], # 时段2
    [18, 28, 38, 13, 3], # 时段3
    [21, 31, 41, 16, 6], # 时段4
    [18, 28, 38, 13, 3], # 时段5
    [15, 25, 35, 10, 0]  # 时段6
])

print(f"第三个城市在时段3的气温值：{cityTemps[2, 2]}") # 通过下标访问 numpy 二维数组
print(f"时段2所有城市的气温值：{cityTemps[1, :]}") # :表示该行所有元素的切片，等价于 cityTemps[1]
print(f"时段5第二、第三个城市的气温值：{cityTemps[4, 1:3]}") # 1:3 为左闭右开区间
print(f"第五个城市在6个时段的气温值：{cityTemps[:, 4]}")

# 打印五个城市的日平均气温值
for i in range(5): # 按列求平均值
    print(cityTemps[:, i].mean(), end=" ")
print()

# 打印6个时段的所有城市平均气温值
for i in range(6): # 按行求平均值
    print(cityTemps[i, :].mean(), end=" ")
```

运行结果为:

```
第三个城市在时段 3 的气温值：38
时段 2 所有城市的气温值：[15 25 35 10  0]
时段 5 第二、第三个城市的气温值：[28 38]
第五个城市在 6 个时段的气温值：[-5  0  3  6  3  0]
16.166666666666668 26.166666666666668 36.166666666666664 11.166666666666666
1.1666666666666667
12.0 17.0 20.0 23.0 20.0 17.0
```

5. numpy 的轴

numpy 的轴（Axis）的主要作用是使计算机按照列或行的方向进行计算，继续使用以上示例加以介绍，示例代码及运行结果如下。

代码如下：

```
# 打印五个城市的日平均气温值
print(cityTemps.mean(axis=0))

# 打印 6 个时段的所有城市平均气温值
print(cityTemps.mean(axis=1))
```

运行结果为：

```
[16.16666667 26.16666667 36.16666667 11.16666667  1.16666667]
[12 17 20 23 20 17.]
```

可以看到，同样是求"五个城市的日平均气温值"和"6 个时段的所有城市平均气温值"，如果使用轴来计算，只需要指定按列（axis=0）还是按行（axis=1）即可，非常方便。

16.6 小结

本次挑战中，作者通过"制作城市经济热力图"挑战，引入了数据处理的知识点，希望各位读者能够掌握 Python 中基于 numpy 库的基本数据处理方法，具体包括：
- 数据处理的五个过程；
- numpy 的一维数组；
- numpy 的矢量运算；
- numpy 的索引数组；
- numpy 的二维数组；
- numpy 的轴。

"面对海量数据，谁能更好地处理、分析数据，谁就能真正抢得大数据时代的先机"，这几乎是业界所有人的共识。对海量大数据的处理分析已经成为政府、企业非常重要且迫切的需求。在数据处理方面的能力将决定政府决策能力的高低、企业市场份额的得失。

对于同样的计算任务，使用 numpy 库往往要比直接编写 Python 代码便捷得多，numpy 中数组的存储效率和输入 / 输出性能也远远优于 Python 中等价的基本数据结构，同时由于 numpy 库的大部分代码都是用 C 语言写的，其底层算法在设计时就有着优异的性能，这使得 numpy 比纯 Python 代码高效得多。

当然，numpy 也有其不足之处，由于 numpy 使用内存映射文件以达到最优的数据读写性能，而内存的大小限制了其对 TB 级大文件的处理。此外，numpy 数组的通用性不及 Python 提供的列表容器。因此，在科学计算之外的领域，numpy 的优势也就不那么明显了。

16.7　巩固练习

模拟创建一个班级的考试成绩表，使用 ndarray 记录每位同学的成绩，然后统计输出全班的平均分、最高分和最低分，再计算输出每位同学与平均分的差距（ndarray 减去平均分）。

17 分析 IMDb 电影数据 —— pandas 库

17.1 挑战描述

互联网电影资料库（Internet Movie Database，IMDb）是一个关于电影演员、电影、电视节目、电视明星和电影制作的在线数据库。IMDb 创建于 1990 年 10 月 17 日，从 1998 年开始成为亚马逊公司旗下网站。IMDb 中包含影片的众多信息，如演员、片长、内容介绍、分级、评论等，是当前使用频率最高的电影评分工具。截至 2018 年 6 月 21 日，IMDb 中共收录了 4734693 部作品资料以及 8702001 名人物资料。图 17-1 为 IMDb 界面。

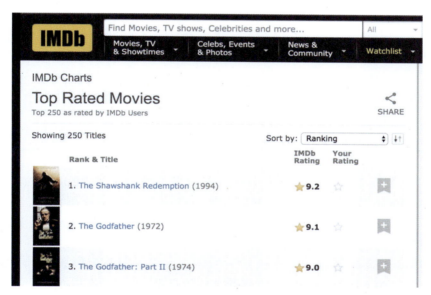

图 17-1　IMDb 界面

小明是电影行业的数据分析师，他所在的公司希望制作一步电影，为了保证新电影的成功，领导交给小明如下任务：

❶ 分析电影评分与票房收入的关系？
❷ 哪些电影流派类型出现频率高？
❸ 电影时长为多少最合适？

17.2 解题思路

基于挑战 16 中介绍的数据处理步骤，结合本挑战问题的实际情况，解题思路如下。

1. 数据获取与清洗

给定一份 2006 年至 2016 年 IMDb 上 1000 部最受欢迎电影的数据集,数据集包括电影名称、流派类型、描述、导演、演员、年份、电影评分、票房收入等信息,文件名为"IMDb.csv"(可从本书配套网站下载)。csv 的中文称为逗号分隔值(Comma-Separated Values,有时也称为字符分隔值,因为分隔字符也可以不是逗号),其文件以纯文本形式存储表格数据(数字和文本)。csv 文件由任意数目的记录组成,记录间以某种换行符分隔。每条记录均由字段组成,字段间的分隔符是逗号或其他字符。通常,所有记录都有完全相同的字段顺序。csv 文件是数据处理分析领域中的常用文件类型,在本书接下来的挑战中也会被大量使用。电影数据集字段解析表如表 17-1 所示。

表 17-1 电影数据集字段解析表

字段名称	字段解析
Title	电影名称
Genre	流派类型,用逗号分隔
Director	导演
Actors	演员列表,用逗号分隔
Year	上映年份
Runtime (Minutes)	电影时长
Rating	电影评分
Revenue (Millions)	票房收入(单位:百万美元)

从表 17-1 中可以看出,数据集中存在着命名不规范字段"Runtime (Minutes)"和"Revenue (Millions)",字段命名方法是只能包含字母、数字或下画线。同时,字段"Genre"和"Actors"是由逗号分隔的字符串,为便于后续程序处理,也需要提前进行格式转换,例如,将其转换为 Python 列表。

解题的第一步要先用 pandas 库从文件"IMDb.csv"中读取电影数据集,然后进行相应的"脏数据"清洗工作。pandas 库是本挑战的核心知识点,将在后面重点介绍。

> **小贴士** 如果数据有问题,苦心构建的数据集就失去了价值。正因为如此,处理"脏数据"的工作不仅十分必要,而且越早越好。清洗"脏数据",就是检测和清除那些冗杂、混乱、无效的数据,以保证数据的正确性、可靠性、完整性和一致性。对于清洗"脏数据"的方法,有专家提出两条建议:一是约束输入,二是规范输出。从根本上说,就是要排除数据处理过程中"自由发挥"的空间。

2. 数据探索与结论

数据探索的核心有两点:一是数据质量分析(与数据清洗密切相关),二是数据特征分析(分布、对比、周期性、相关性、常见统计量等)。人类是视觉动物,所以将数据特征通过可视化方式呈现出来,会带来更加直观的效果。解题的第二步针对本挑战的三个问题，基于电影评分、票房收入、流派类型、电影时长等相关字段，使用 matplotlib 库（"前置引用"知识，将在后面挑战中介绍）将数据特征以散点图、直方图、柱状图、饼状图等可视化形式呈现出来，最后通过观察数据特征得出结论。

17.3 编程实现

请读者在 Anaconda 环境中，启动 JupyterLab 工具，新建一个 Notebook，并将文件名设置为"分析 IMDb 电影数据.ipynb"，然后保存，接下来开始编写 Python 代码，示例代码及运行结果如下。

代码如下：

```python
'''
作者：Syman
名称："分析 IMDb 电影数据"示例程序
'''

import numpy as np
import pandas as pd
import matplotlib.pyplot as plt
import seaborn as sns  # 基于 matplotlib 的图形可视化库

# 1.数据获取
data = pd.read_csv(r"IMDb.csv")  # 使用 pandas 库读入待处理的 csv 文件
print(f"数据集 data 的行、列数为：{data.shape}")  # 使用 shape 属性查看数据集的行、列数（返回一个元组）
data.head(n=3)  # 提取 data 中前 3 行记录
```

运行结果为：

数据集 data 的行、列数为：(1000, 12)

	Rank	Title	Genre	Description	Director	Actors	Year	Runtime (Minutes)	Rating	Votes	Revenue (Millions)	Metascore
0	1	Guardians of the Galaxy	Action,Adventure,Sci-Fi	A group of intergalactic criminals are forced ...	James Gunn	Chris Pratt, Vin Diesel, Bradley Cooper, Zoe S...	2014	121	8.1	757074	333.13	76.0
1	2	Prometheus	Adventure,Mystery,Sci-Fi	Following clues to the origin of mankind, a te...	Ridley Scott	Noomi Rapace, Logan Marshall-Green, Michael Fa...	2012	124	7.0	485820	126.46	65.0
2	3	Split	Horror,Thriller	Three girls are kidnapped by a man with a diag...	M. Night Shyamalan	James McAvoy, Anya Taylor-Joy, Haley Lu Richar...	2016	117	7.3	157606	138.12	62.0

代码如下：

```python
# 2.数据清洗
# 删除完全一样的重复行
data = data.drop_duplicates()
# 将列名中的空格用下画线替代
data.columns = [i.split()[0]+"_"+i.split()[1] if len(i.split())>1 else i for i in data.columns]
# 移除列名中的括号对
data = data.rename(columns = {"Runtime_(Minutes)":"Runtime_Minutes"})
data = data.rename(columns = {"Revenue_(Millions)":"Revenue_Millions"})
data.columns # 显示清洗后的列名列表
```

运行结果为：

```
Index(['Rank', 'Title', 'Genre', 'Description', 'Director', 'Actors',
'Year', 'Runtime_Minutes', 'Rating', 'Votes', 'Revenue_Millions',
'Metascore'], dtype='object')
```

代码如下：

```python
# 3.数据探索
# 分析问题①：电影评分与票房收入的关系？
plt.rcParams["font.sans-serif"] = ["SimHei"] # 正常显示中文标签
plt.style.use("ggplot") # 使用自带样式进行美化
f, ax = plt.subplots(figsize=(8, 5)) # 设置画纸
sns.regplot(x="Rating", y="Revenue_Millions", data=data, ax=ax) # 绘制数据
plt.title("电影评分与票房的关系") # 绘图标题
plt.xlabel("电影评分") # 绘图横轴名称
plt.ylabel("票房（单位：百万美元）") # 画纸纵轴名称
plt.grid(True) # 生成网格
plt.show() # 显示绘图

# 电影的预算、评价会直接影响电影票房，故一定的电影预算是电影票房成功的基础
```

运行结果为：

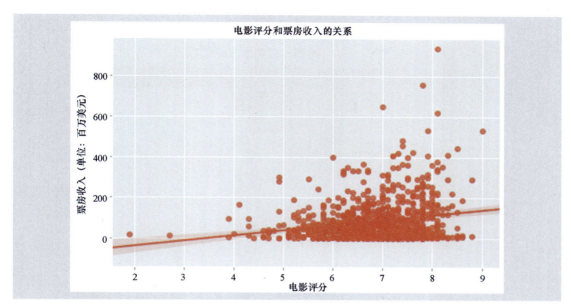

观察以上运行结果，可以看到电影评分基本与票房收入呈正线性相关的关系，这也符合正常的经济规律。

代码如下：

```python
# 分析问题②：哪些电影流派类型出现频率高？
# 清洗 Genre（流派类型）字段，作为分析数据
dataGenre = pd.DataFrame(data["Genre"])
dataGenre = dataGenre.reset_index(drop=True)  # 删除索引
# 将 Genre（流派类型）字段以逗号为分隔符转换为列表
dataGenre["Genre"] = dataGenre["Genre"].str.split(",")
# 将 Genre（流派类型）字段列表里的每个元素都加入一个新列表中
listGenre = []
for i in dataGenre["Genre"]:
    listGenre.extend(i)

# 将 listGenre 转化为 pandas 的 Series
result = pd.Series(listGenre)
# 计算出现次数排在前十位的流派类型
result = result.value_counts()[0:10].sort_values(ascending=True)

plt.subplots(figsize=(8, 5))
desc = result.plot(kind="barh", width=0.9)  # 绘制水平柱状图
# 通过 desc 设置注释文本（每个流派类型的具体出现次数）
for y, freq in enumerate(result.values):
    desc.text(1, y, str(freq)+"次", color="white", weight="bold")

plt.title("电影流派类型 TOP 10")
plt.xlabel("出现次数")
plt.ylabel("流派类型")
plt.show()
```

运行结果为：

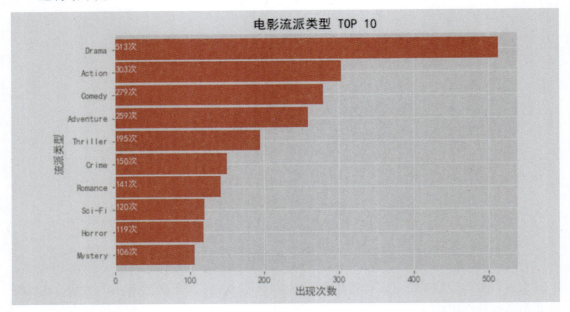

观察以上运行结果，可以看到如果投资一部电影，流派类型 Drama（剧情片）和 Action（动作片）都是不错的选择。

代码如下：

```python
# 分析问题③：电影时长为多少最合适？
dataRT = pd.DataFrame()
# 将所有电影按照时长划分为短、中、长
dataRT["short"] = data["Runtime_Minutes"].map(lambda x: 1 if x<=80 else 0)
dataRT["middle"] = data["Runtime_Minutes"].map(lambda x: 1 if 80<x<=120 else 0)
dataRT["long"] = data["Runtime_Minutes"].map(lambda x: 1 if x>120 else 0)
shortMovie = dataRT["short"].sum()    # 统计短时长电影数量
middleMovie = dataRT["middle"].sum()  # 统计中时长电影数量
longMovie = dataRT["long"].sum()      # 统计长时长电影数量

plt.subplots(figsize=(6, 6))
result = pd.Series({"短时长":shortMovie, "中时长":middleMovie, "长时长":longMovie})
result.plot(kind="pie", label="", autopct="%1.1f%%")  # 绘制饼状图
plt.title("电影时长分布")
plt.show()
```

运行结果为：

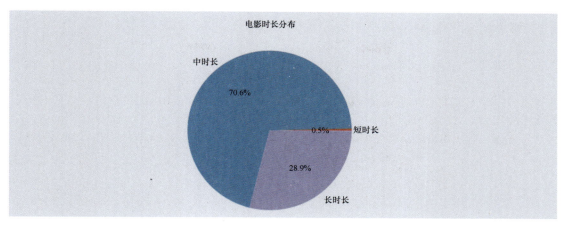

> **小贴士** lambda 表达式是 Python 中一类特殊的定义函数的形式，使用它可以定义一个匿名函数。与其他语言不同，Python 中 lambda 表达式的函数体只能有单独的一条语句，也就是返回值表达式语句。

观察以上运行结果，可以看到电影时长最好控制在 80 ～ 120 分钟，这也符合大多数观众的观影体验。时长太短会觉得不够，性价比不高，影响票房；时长太长则观众会觉得拖沓，精力无法集中，影响电影口碑。

综上所述，最终可以得出如下结论。
- 电影评分会直接影响票房收入，故好口碑是电影票房成功的基础。
- 最受欢迎的三大电影流派类型是剧情片、动作片和喜剧片。
- 电影时长应该控制在 80 ～ 120 分钟，最符合观众的观影习惯，也相对容易获得成功。

17.4　pandas 库

如果读者有机会采访到一线从事人工智能应用的研发人员，询问他们数据处理的哪个环节最耗费时间，恐怕多数人会很无奈地回答："数据预处理。"事实上，多数业界研发团队往往不会投入太多精力从事全新模型的研究，而是针对具体项目和特定数据，使用现有的经典模型进行分析。这样一来，多数时间都被花费在数据清洗和探索的工作上，特别是在数据相对原始的情况下。

在之前的学习中，我们已经多次使用到 pandas 库。pandas 库是 Python 中另一款针对数据处理分析的非常实用的工具包，它实现了大量便于数据读写、清洗、填充以及分析的功能。这样就帮助研发人员节省了用于数据预处理工作的代码，同时也使得他们有更多的精力专注于具体的业务。

1. Series 的概述

pandas 中处理一维数组的数据结构是 Series。相比于 numpy 中的 ndarray，Series 具有更加丰富的函数和强大的功能，例如，统计数据集多维度信息的 describe( ) 函数，以下继续使用统计一天 24 小时某地气温的示例进行介绍。

代码如下：

```python
import pandas as pd

# 创建两个 Series 分别记录时间和气温
hours = pd.Series(["12AM","1AM","2AM","3AM","4AM","5AM","6AM","7AM","8AM",
                   "9AM","10AM","11AM","12PM","1PM","2PM","3PM","4PM","5PM","6PM","7PM","8PM",
                   "9PM","10PM","11PM"])
temps = pd.Series([20,21,22,23,24,25,26,27,28,29,30,31,31,30,29,28,27,26,
                   25,24,23,22,21,20])
# 打印 temps 的统计信息
temps.describe()
```

运行结果为：

```
count    24.000000
mean     25.500000
std       3.526299
min      20.000000
25%      22.750000
50%      25.500000
75%      28.250000
max      31.000000
dtype: float64
```

上面代码依次打印 temps 中的元素个数、平均值、标准差、最小值、四分位数、最大值。有了 describe() 函数的帮助，数据分析师可以在第一时间了解要处理的数据集的概貌；而如果使用的是 ndrray，获取以上统计信息则需要我们一一手动调用。Series 在基于下标或切片访问元素、基于循环语句遍历元素、矢量计算以及内置科学计算函数等方面的使用方法与 ndarray 是完全相同的。

> **小贴士**　四分位数（Quartile）也称四分位点，是指在统计学中把所有数值由小到大排列并分成四等份后处于三个分割点位置的数值，多应用于统计学中的箱线图绘制。它是一组数据排序后处于 25%、50% 和 75% 位置上的值。四分位数是通过三个点将全部数据等分为四部分，其中每部分包含 25% 的数据。很显然，中间的四分位数就是中位数，因此通常所说的四分位数是指处在 25% 位置上的数值（称为下四分位数）和处在 75% 位置上的数值（称为上四分位数）。与中位数的计算方法类似，根据未分组数据计算四分位数时，首先对数据进行排序，然后确定四分位数所在的位置，该位置上的数值就是四分位数。与中位数不同的是，四分位数位置的确定方法有几种，每种方法得到的结果会有一定差异，但差异不会很大。

2. Series 的索引

Series 相对于 ndarray 的一个更大优势是它的索引功能，先来看下面的示例。

CHALLENGE 17

分析 IMDb 电影数据 —— pandas 库

代码如下:

```python
import numpy as np
# 某个时间点上五个城市及其气温
citys = np.array(["北京", "上海", "广州", "深圳", "杭州"]) # 城市名称
temps = np.array([15, 25, 30, 32, 27]) # 城市气温（对位匹配）
```

代码如下:

```python
import pandas as pd
# 某个时间点上五个城市及其气温
temps = pd.Series([15, 25, 30, 32, 27],
                  index=["北京", "上海", "广州", "深圳", "杭州"])
temps
```

运行结果为:

```
北京      15
上海      25
广州      30
深圳      32
杭州      27
dtype: int64
```

可以看出，使用 ndarray 的方式需要同时维护两个数组：citys 和 temps，较为不便；而使用 Series 的方式，则可以将城市名称定义为 temps 的索引并传入 Series 的构造过程中，就建立好了对应关系。如果在创建 Series 时未指定索引，则 pandas 会为该 Series 自动加上默认索引（从 0 开始，以 1 为增量）。Series 中既可以通过索引访问元素，也可以通过位置（下标）访问元素，如下所示。

代码如下:

```python
temps.loc["杭州"] # loc 函数通过索引来访问 Series 元素
```

运行结果为:

```
27
```

代码如下:

```python
temps.iloc[0] # iloc 函数通过位置来访问 Series 元素，等价于 temps[0]
```

运行结果为:

```
15
```

Series 中还有许多实用的内置函数，例如，idxmax( ) 函数可以计算所有元素中最大值对应的索引，如下所示，求出深圳是五个城市中气温最高的。

代码如下：

```
temps.idxmax()
```

运行结果为：

```
'深圳'
```

3. Series 的矢量计算

pandas 的矢量计算与 numpy 类似，但因为 Series 除了有位置信息，同时还具有索引信息，所以某些情况下在具体计算方式上又有所不同，来看下面的示例。

代码如下：

```python
cnt1 = pd.Series([30, 20, 10],
                 index=["剧情片", "动作片", "喜剧片"])
cnt2 = pd.Series([300, 200, 100],
                 index=["剧情片", "动作片", "喜剧片"])
print(f"情况①：\n{cnt1 + cnt2}")

cnt1 = pd.Series([30, 20, 10],
                 index=["喜剧片", "动作片", "剧情片"])
cnt2 = pd.Series([300, 200, 100],
                 index=["剧情片", "动作片", "喜剧片"])
print(f"情况②：\n{cnt1 + cnt2}")

cnt1 = pd.Series([30, 20],
                 index=["冒险片", "恐怖片"])
cnt2 = pd.Series([300, 200, 100],
                 index=["剧情片", "动作片", "喜剧片"])
print(f"情况③：\n{cnt1 + cnt2}")
```

运行结果为：

```
情况①：
剧情片    330
动作片    220
喜剧片    110
dtype: int64
情况②：
剧情片    310
动作片    220
喜剧片    130
dtype: int64
情况③：
```

```
冒险片      NaN
剧情片      NaN
动作片      NaN
喜剧片      NaN
恐怖片      NaN
dtype: float64
```

从情况①的输出结果中，无法判别 Series 的矢量运算是依据位置还是索引；但从情况②的输出结果就可以看出来，Series 的矢量运算是按照索引进行的，而与位置无关，这一点需要我们格外注意；在情况③中，cnt1 和 cnt2 中的全部索引都不存在对应关系，当对它们进行加操作时，算出来的结果就会是 NaN（不存在的值）。

4. DataFrame 的概述

pandas 中处理二维数组的数据结构是 DataFrame，本挑战示例代码中的第一步就是从一个 csv 文件中将待处理数据集读入一个 DataFrame 变量，先来看下面的淘宝店销量分析示例。

代码如下：

```python
import pandas as pd
# 定义五家淘宝店在六天里的销售额（单位：万元）
sales = pd.DataFrame({
    "date": ["11-08", "11-09", "11-10", "11-11", "11-12", "11-13"],
    "tao1": [13.11, 9.46, 7.32, 59.08, 5.11, 3.26],
    "tao2": [2.19, 8.73, 11.96, 109.27, 0.12, 4.78],
    "tao3": [23.17, 29.42, 78.03, 24.56, 3.14, 1.38],
    "tao4": [17.26, 21.59, 19.33, 96.38, 11.56, 9.16],
    "tao5": [7.09, 8.02, 18.02, 416.77, 11.15, 3.28]
})
sales
```

运行结果为：

	date	tao1	tao2	tao3	tao4	tao5
0	11-08	13.11	2.19	23.17	17.26	7.09
1	11-09	9.46	8.73	29.42	21.59	8.02
2	11-10	7.32	11.96	78.03	19.33	18.02
3	11-11	59.08	109.27	24.56	96.38	416.77
4	11-12	5.11	0.12	3.14	11.56	11.15
5	11-13	3.26	4.78	1.38	9.16	3.28

上面代码通过定义每一列内容的方式创建出了一个 DataFrame，这也是 DataFrame 的

常用创建方式之一，调用一个 DataFrame 的 values 属性可以将其转换为 numpy 二维数组。请读者思考一下，能否以同样的方式使用 numpy 的二维数组，为什么？创建好 DataFrame 后，下面学习如何使用内置函数进行数据分析。

代码如下：

```
sales.mean()  # 计算五家淘宝店的日均销售额（单位：万元）
```

运行结果为：

```
tao1     16.223333
tao2     22.841667
tao3     26.616667
tao4     29.213333
tao5     77.388333
dtype: float64
```

因为 sales 中的 date 列不是数字类型，所以在计算平均值时会被 DataFrame 自动过滤掉。上面代码本质上是按照列的方向来计算平均值的，如果我们希望统计某一天五家淘宝店的平均销售额，即按照行的方向计算平均值，那么该如何处理？在 numpy 中学习的轴的概念，也可以同样地应用到这里。

代码如下：

```
sales.mean(axis=1)  # 计算每天里五家淘宝店的平均销售额（单位：万元）
```

运行结果为：

```
0     12.564
1     15.444
2     26.932
3    141.212
4      6.216
5      4.372
dtype: float64
```

可以看到，五家淘宝店"双 11"当天的销量远远好于其他时间。DataFrame 本质上是 pandas 的二维数组，读取其中元素的方法与读取一维数组 Series 相类似，也是通过函数 loc()（基于索引）或函数 iloc()（基于位置）。下面首先为销量数据集加上索引。

代码如下：

```python
import pandas as pd
# 定义五家淘宝店在六天里的销售额（单位：万元），以日期为索引
sales = pd.DataFrame({
    "tao1": [13.11, 9.46, 7.32, 59.08, 5.11, 3.26],
```

```
    "tao2": [2.19, 8.73, 11.96, 109.27, 0.12, 4.78],
    "tao3": [23.17, 29.42, 78.03, 24.56, 3.14, 1.38],
    "tao4": [17.26, 21.59, 19.33, 96.38, 11.56, 9.16],
    "tao5": [7.09, 8.02, 18.02, 416.77, 11.15, 3.28]
}, index = ["11-08", "11-09", "11-10", "11-11", "11-12", "11-13"])
sales
```

运行结果为：

	tao1	tao2	tao3	tao4	tao5
11-08	13.11	2.19	23.17	17.26	7.09
11-09	9.46	8.73	29.42	21.59	8.02
11-10	7.32	11.96	78.03	19.33	18.02
11-11	59.08	109.27	24.56	96.38	416.77
11-12	5.11	0.12	3.14	11.56	11.15
11-13	3.26	4.78	1.38	9.16	3.28

建立好索引后，就可以通过索引来访问 DataFrame 中的元素了。

代码如下：

```
sales.loc["11-11"]  # 打印"双 11"五家淘宝店的销量（单位：万元）
```

运行结果为：

```
tao1     59.08
tao2    109.27
tao3     24.56
tao4     96.38
tao5    416.77
Name: 11-11, dtype: float64
```

如果要访问 DataFrame 中的某一列，可以通过如下方式。易知，无论是按行还是按列读取 DataFrame，本质上都是降维操作，会得到一个一维数组，而其数据类型就是 Series。

代码如下：

```
sales["tao5"]  # 打印"tao5"这家淘宝店的六天销量（单位：万元）
```

运行结果为：

```
11-08      7.09
11-09      8.02
11-10     18.02
11-11    416.77
11-12     11.15
11-13      3.28
Name: tao5, dtype: float64
```

5. 数据的合并和分组

有时需要将两个 DataFrame 中的数据合并，pandas 合并数据的方式主要有两种：一种是直接追加行记录（所有列是相同的），另一种是根据列名类像数据库表查询一样进行合并（有一个或多个相同的列，按照这些列进行合并）。这两种方式分别通过函数 concat( ) 和 merge( ) 实现。先来学习基于函数 concat( ) 的纵向合并。

代码如下：

```python
import pandas as pd
# 销售数据集 1
sales1 = pd.DataFrame({
    "tao1": [13.11, 9.46, 7.32],
    "tao2": [2.19, 8.73, 11.96],
    "tao3": [23.17, 29.42, 78.03],
    "tao4": [17.26, 21.59, 19.33],
    "tao5": [7.09, 8.02, 18.02]
}, index = ["11-08", "11-09", "11-10"])
# 销售数据集 2
sales2 = pd.DataFrame({
    "tao1": [59.08, 5.11, 3.26],
    "tao2": [109.27, 0.12, 4.78],
    "tao3": [24.56, 3.14, 1.38],
    "tao4": [96.38, 11.56, 9.16],
    "tao5": [416.77, 11.15, 3.28]
}, index = ["11-11", "11-12", "11-13"])
# 纵向合并 sales1 和 sale2
sales = pd.concat([sales1, sales2])
sales # 打印合并后的数据集
```

运行结果为：

	tao1	tao2	tao3	tao4	tao5
11-08	13.11	2.19	23.17	17.26	7.09
11-09	9.46	8.73	29.42	21.59	8.02
11-10	7.32	11.96	78.03	19.33	18.02
11-11	59.08	109.27	24.56	96.38	416.77
11-12	5.11	0.12	3.14	11.56	11.15
11-13	3.26	4.78	1.38	9.16	3.28

接下来学习基于函数 merge( ) 的横向合并，使用这个操作的前提是两个数据集至少有

一个相同的列。

代码如下：

```python
import pandas as pd
# 销售数据集 1
sales1 = pd.DataFrame({
    "date": ["11-08", "11-09", "11-10", "11-11", "11-12", "11-13"],
    "tao1": [13.11, 9.46, 7.32, 59.08, 5.11, 3.26],
    "tao2": [2.19, 8.73, 11.96, 109.27, 0.12, 4.78],
    "tao3": [23.17, 29.42, 78.03, 24.56, 3.14, 1.38],
    "tao4": [17.26, 21.59, 19.33, 96.38, 11.56, 9.16],
    "tao5": [7.09, 8.02, 18.02, 416.77, 11.15, 3.28]
})
# 销售数据集 2
sales2 = pd.DataFrame({
    "date": ["11-08", "11-09", "11-10", "11-11", "11-12", "11-13"],
    "sum": [62.82, 77.22, 134.66, 706.06, 31.08, 21.86]
})
# 横向合并 sales1 和 sale2
sales = pd.merge(sales1, sales2)
sales # 打印合并后的数据集
```

运行结果为：

	date	tao1	tao2	tao3	tao4	tao5	sum
0	11-08	13.11	2.19	23.17	17.26	7.09	62.82
1	11-09	9.46	8.73	29.42	21.59	8.02	77.22
2	11-10	7.32	11.96	78.03	19.33	18.02	134.66
3	11-11	59.08	109.27	24.56	96.38	416.77	706.06
4	11-12	5.11	0.12	3.14	11.56	11.15	31.08
5	11-13	3.26	4.78	1.38	9.16	3.28	21.86

上面代码中，sale1 和 sales2 都具有一个 date 列，以 date 列为关联列将两个数据集的列合并。也可以通过属性 on 来显性地指定关联列：sales = pd.merge (sales1, sales2, on="date")。

在 pandas 中，也支持类似于数据库查询语句 GROUP BY 的功能，即按照某列进行分组，然后在分组上进行一些计算操作。查看下面示例中的数据集（为便于讲解，列名定义不规范），如何计算其中所有动作片的票房收入？

代码如下：

```
import pandas as pd

movies = pd.DataFrame({
    "流派类型": ["剧情片", "动作片", "剧情片", "剧情片", "动作片", "喜剧片"],
    "电影名称": ["肖申克的救赎", "黑暗骑士", "教父", "辛德勒名单", "搏击俱乐部", "摩登时代"],
    "票房收入（单位：百万美元）": [28, 1005, 245, 321, 3.7, 0.16]
})
movies
```

运行结果为：

	流派类型	电影名称	票房收入（单位：百万美元）
0	剧情片	肖申克的救赎	28.00
1	动作片	黑暗骑士	1005.00
2	剧情片	教父	245.00
3	剧情片	辛德勒名单	321.00
4	动作片	搏击俱乐部	3.70
5	喜剧片	摩登时代	0.16

一种可行方法是筛选出所有流派类型为动作片的行，然后通过movies[movies["流派类型"]=="动作片"]来过滤出所有的行，然后对票房收入进行求和统计。

代码如下：

```
movies[movies["流派类型"]=="动作片"]["票房收入（单位：百万美元）"].sum()
```

运行结果为：

```
1008.7
```

更加简便的方法是使用pandas的函数groupby()对流派类型进行分组，然后求和。

代码如下：

```
movies.groupby("流派类型").sum()
```

运行结果为：

流派类型	票房收入（单位：百万美元）
剧情片	594.00
动作片	1008.70
喜剧片	0.16

上面代码返回的是一个DataFrame，可以通过列标签取出票房收入列得到一个Series，然后进行进一步的数据处理，如排序。

代码如下：

```
movies.groupby("流派类型").sum()["票房收入（单位：百万美元）"].sort_values
(ascending=False)  # 降序
```

运行结果为：

```
流派类型
动作片      1008.70
剧情片       594.00
喜剧片         0.16
Name: 票房收入（单位：百万美元）, dtype: float64
```

17.5 小结

本次挑战中，作者通过"分析 IMDb 电影数据"挑战，希望各位读者能够掌握 Python 中基于 pandas 库的基本数据处理方法，具体包括：
- Series 的概述；
- Series 的索引；
- Series 的矢量计算；
- DataFrame 的概述；
- 数据的合并和分组。

数据分析首先要会提问题，要知道自己要什么，包括用哪些指标来描述问题，用哪种图表来展示，然后再去想怎么实现这些目标。在这个过程中，"提出问题"显得尤为重要，好问题的提出就相当于解决了一半的问题。

在数据分析中，经常需要针对表格数据进行处理，也就是 numpy 中的二维数组数据，尽管 numpy 对于多维数组的支持已经足够强大，但 pandas 处理这些二维数据时会更加得心应手。pandas 建立在 numpy 基础之上，但增加了更加高级实用的功能，例如，数据自动对齐、时间序列的支持、缺失数据的灵活处理等。

Series 和 DataFrame 是 pandas 的两大核心数据结构，大部分 pandas 的功能都围绕着这两种数据结构实现。Series 是值的序列，可以理解为一维数组，它只有一个列和索引。Series 索引可以定制，当不指定时，默认使用整数索引（从 0 开始），而且索引可以被命名；DataFrame 类似于二维数组，有行和列之分，除像 Series 一样，行有索引以外，每个列上还可以有列标签（Label），行索引和列标签本身都可以被命名。在处理 DataFrame 时，有时还需要根据实际需求对两个数据集进行合并或分组操作。

17.6 巩固练习

1. 基于淘宝店销量数据集，编写 Python 代码，计算"双 11"销量最高的淘宝店的六天平均销量（单位：万元）。

2. 基于 IMDb 数据集，编写 Python 代码，统计每年上映的电影数量、电影总票房分别是多少？

18 安斯库姆四重奏 —— matplotlib 库

18.1 挑战描述

安斯库姆四重奏（Anscombe's Quartet）是由统计学家弗朗西斯·安斯库姆（Francis Anscombe）于 1973 年构造的四组数据。这四组数据的统计特性基本一致，每组数据都包含了 11 个 (x, y) 点对，如图 18-1 所示。

I		II		III		IV	
x	y	x	y	x	y	x	y
10.0	8.04	10.0	9.14	10.0	7.46	8.0	6.58
8.0	6.95	8.0	8.14	8.0	6.77	8.0	5.76
13.0	7.58	13.0	8.74	13.0	12.74	8.0	7.71
9.0	8.81	9.0	8.77	9.0	7.11	8.0	8.84
11.0	8.33	11.0	9.26	11.0	7.81	8.0	8.47
14.0	9.96	14.0	8.10	14.0	8.84	8.0	7.04
6.0	7.24	6.0	6.13	6.0	6.08	8.0	5.25
4.0	4.26	4.0	3.10	4.0	5.39	19.0	12.50
12.0	10.84	12.0	9.13	12.0	8.15	8.0	5.56
7.0	4.82	7.0	7.26	7.0	6.42	8.0	7.91
5.0	5.68	5.0	4.74	5.0	5.73	8.0	6.89

图 18-1　安斯库姆四重奏

通过计算易知，四组数据中，x 的平均值都是 9，y 的平均值都是 7.5，它们的相关度都是 0.816，线性回归线方程都是 $y = 3.00 + 0.500x$，具体如表 18-1 所示。

表 18-1　安斯库姆四重奏统计分析表

统计性质	统计结果
每组 x 的平均值	9（精确值）
每组 x 的样本方差	11（精确值）
每组 y 的平均值	7.5（精确到小数点后一位）
每组 y 的样本方差	4.122 或 4.127（精确到小数点后三位）
每组 x 和 y 之间的相关度	0.816（精确到小数点后三位）
每组的线性回归线方程	$y = 3.00 + 0.500x$（分别精确到小数点后两位和三位）

单从这些统计数字上来看，四组数据所反映出的实际情况非常相近，而事实上，这四组数据有着天壤之别。弗朗西斯·安斯库姆构造安斯库姆四重奏的目的是说明在分析数据前先绘制图表的重要性，以及离群值对统计分析结果的影响之大。请读者用 Python 编写一个程序，将安斯库姆四重奏进行可视化，根据图表分析四组数据的分布特征。

CHALLENGE 18
安斯库姆四重奏 —— matplotlib 库

小贴士 线性回归方程是利用数理统计中的回归分析，来确定两个变量间相互依赖的定量关系的一种统计分析方法。线性回归方程也是回归分析中第一种经过严格研究并在实际应用中广泛使用的类型。按自变量个数可分为一元线性回归方程和多元线性回归方程。线性回归方程将在后面挑战中详细介绍。

18.2 解题思路

使用自然语言描述"安斯库姆四重奏"挑战的算法，其步骤如下。
❶ 使用 numpy 库定义安斯库姆四重奏数据。
❷ 使用 numpy 库计算打印四组数据的统计结果，验证它们是否一致。
❸ 使用 matplotlib 库为四组数据分别绘制图表，进行分析。

matplotlib 库是本挑战的核心知识点。众所周知，MATLAB 作为一款功能强劲且集数据分析和展现于一体的商业软件，受到无数自然科学工作者的青睐。然而在多数情况下，只有高等学校、科研机构和大型公司才能负担得起其昂贵的正版许可证。就普通个人对数据展现方面的需求而言，用户更加希望有类似 MATLAB 的绘图功能，但是允许免费使用的 Python 工具库。matplotlib 作为一款 Python 编程环境下免费使用的绘图工具包，因为其工作方式和绘图命令几乎和 MATLAB 一样，所以一经问世便立即受到了用户的喜爱。

小贴士 想要了解详情的读者可以参阅 matplotlib 库的官网，地址为 http://matplotlib.org。

18.3 编程实现

请读者在 Anaconda 环境中，启动 JupyterLab 工具，新建一个 Notebook，并将文件名设置为"安斯库姆四重奏 .ipynb"，然后保存，接下来开始编写 Python 代码，示例代码及运行结果如下。

代码如下：

```python
'''
作者：Syman
名称："安斯库姆四重奏"示例程序
'''

import matplotlib.pyplot as plt # 引入 matplotlib 库
import numpy as np

# 1.使用 numpy 库定义安斯库姆四重奏数据
ANSCOMBE = [
    np.array([
        [10.0, 8.0, 13.0, 9.0, 11.0, 14.0, 6.0, 4.0, 12.0, 7.0, 5.0],
        [8.04, 6.95, 7.58, 8.81, 8.33, 9.96, 7.24, 4.26, 10.84, 4.82, 5.68]
```

```
    ]),
    np.array([
        [10.0, 8.0, 13.0, 9.0, 11.0, 14.0, 6.0, 4.0, 12.0, 7.0, 5.0],
        [9.14, 8.14, 8.74, 8.77, 9.26, 8.10, 6.13, 3.10, 9.13, 7.26, 4.74]
    ]),
    np.array([
        [10.0, 8.0, 13.0, 9.0, 11.0, 14.0, 6.0, 4.0, 12.0, 7.0, 5.0],
        [7.46, 6.77, 12.74, 7.11, 7.81, 8.84, 6.08, 5.39, 8.15, 6.42, 5.73]
    ]),
    np.array([
        [8.0, 8.0, 8.0, 8.0, 8.0, 8.0, 8.0, 19.0, 8.0, 8.0, 8.0],
        [6.58, 5.76, 7.71, 8.84, 8.47, 7.04, 5.25, 12.50, 5.56, 7.91, 6.89]
    ])
]
```

代码如下：

```python
# 2. 使用 numpy 库计算打印四组数据的统计结果
print("四组数据 x 的平均值：")
for i in range(4):
    print(ANSCOMBE[i][0].mean()) # 计算平均值
print("四组数据 x 的样本方差：")
for i in range(4):
    print(ANSCOMBE[i][0].var(ddof=1)) # 计算样本方差
print("四组数据 y 的平均值：")
for i in range(4):
    print(ANSCOMBE[i][1].mean()) # 计算平均值
print("四组数据 y 的样本方差：")
for i in range(4):
    print(ANSCOMBE[i][1].var(ddof=1)) # 计算样本方差
print("四组数据 x 和 y 的相关度：")
for i in range(4):
    print(np.corrcoef(ANSCOMBE[i][0], ANSCOMBE[i][1])) # 计算相关度
```

运行结果为：

```
四组数据 x 的平均值：
9.0
9.0
9.0
9.0
四组数据 x 的样本方差：
11.0
```

```
11.0
11.0
11.0
```
四组数据 y 的平均值：
```
7.500909090909093
7.50090909090909
7.5
7.500909090909091
```
四组数据 y 的样本方差：
```
4.127269090909091
4.127629090909091
4.12262
4.123249090909091
```
四组数据 x 和 y 的相关度：
```
[[1.         0.81642052]
 [0.81642052 1.        ]]
[[1.         0.81623651]
 [0.81623651 1.        ]]
[[1.         0.81628674]
 [0.81628674 1.        ]]
[[1.         0.81652144]
 [0.81652144 1.        ]]
```

代码如下：

```python
# 3. 使用 matplotlib 库为四组数据分别绘制图表
fig, axs = plt.subplots(2, 2, sharex=True, sharey=True)  # 设置画纸
axs[0, 0].set(xlim=(0, 20), ylim=(2, 14))
axs[0, 0].set(xticks=(0, 10, 20), yticks=(4, 8, 12))

# 绘制第一组数据
xfit = np.array([np.min(ANSCOMBE[0][0]), np.max(ANSCOMBE[0][0])])
axs[0, 0].plot(ANSCOMBE[0][0], ANSCOMBE[0][1], "ks", xfit, fit(xfit), "r-", lw=2)
# 绘制第二组数据
axs[0, 1].plot(ANSCOMBE[1][0], ANSCOMBE[1][1], "ks", xfit, fit(xfit), "r-", lw=2)
# 绘制第三组数据
axs[1, 0].plot(ANSCOMBE[2][0], ANSCOMBE[2][1], "ks", xfit, fit(xfit), "r-", lw=2)
# 绘制第四组数据
xfit = np.array([np.min(ANSCOMBE[3][0]), np.max(ANSCOMBE[3][0])])
axs[1, 1].plot(ANSCOMBE[3][0], ANSCOMBE[3][1], "ks", xfit, fit(xfit), "r-", lw=2)
# 添加注释文字
for ax, label in zip(axs.flat, ["组 I", "组 II", "组 III", "组 IV"]):
```

```
        ax.label_outer()
        ax.text(3, 12, label, fontsize=20)

plt.rcParams["font.sans-serif"] = ["SimHei"]  # 正常显示中文标签
plt.show()  # 显示绘图
```

运行结果为：

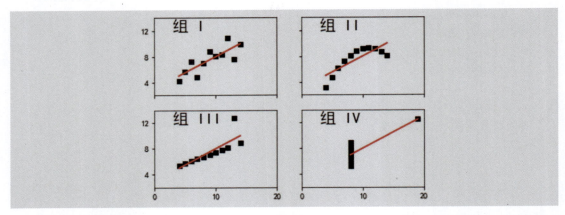

运行结果中黑色小方块为 (x, y) 点对，红色直线为线性回归线。可以看出，安斯库姆四重奏是四种完全不同的情况。第一组数据大多数人看到统计数字后的第一反应是，这是最"正常"的一组数据；第二组数据所反映的实际上是一个精确的二次函数关系，只是在错误地应用了线性模型后，各项统计数字与第一组数据恰好都相同；第三组数据描述的是一个精确的线性关系，只是这里面有一个异常值，它导致了上述各个统计数字，尤其是相关度的偏差；第四组数据则是一个更极端的例子，其异常值导致了平均数、方差、相关度、线性回归线等所有统计数字全部发生了偏差。

以上示例程序体现了数据可视化的一个非常重要的作用：迅速看出数据集的趋势类型。

18.4　matplotlib 库

matplotlib 能够创建多数类型的图表，例如，散点图、柱状图、饼状图、堆叠图、3D 图和地图等。接下来介绍针对不同类型数据的 matplotlib 绘图方法。

1. 离散型数据的可视化

如果要分析离散型数据的分布特征，例如，挑战 17 中的电影时长分布、某个 App 用户的性别比例、某产品在各区域的销售量分布、各年龄段内男女消费者的消费能力差异等，可以使用柱状图或者饼状图进行展现。

（1）饼状图

饼状图属于最经典的统计图形之一（1801 年由 William Playfair 首次发布使用），现今它几乎随处可见。饼状图将一个圆分割成不同大小的扇形，每个扇形都代表了一类数据值，通常会根据扇形大小来判断数据的差异。图 18-2 就是一个由不同大小的扇形组成的饼状图，展示了英语的构成成分。

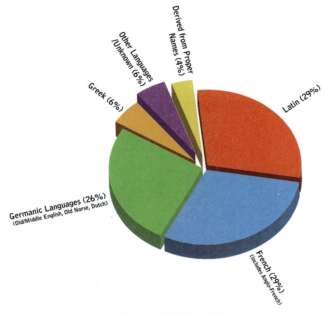

图 18-2　饼状图示例

对于这样的饼状图，该如何通过 Python 语言编程绘制呢？其实非常简单，使用 matplotlib 库，首先需要导入该模块的子模块 pyplot，然后调用库中的函数 pie( ) 即可。下面举例说明如何利用 matplotlib 库绘制饼状图。

纽约联邦储蓄银行曾在 2012 年做过一个调查，发现人们从事的职业与自己大学所学专业相符的比例不及 30%，示例代码及运行结果如下。

代码如下：

```python
import matplotlib.pyplot as plt

# 构造绘图数据（百分比）
data = [273, 727]
# 构造绘图数据的标签说明
labels = ["匹配", "不匹配"]
# 饼状图的填充色
colors = ["#E8E8F8", "#6792BE"]
# 饼状图的某些部分的突出显示，即呈现爆炸式效果
explode = (0, 0.08)

# 绘制饼状图
plt.figure(figsize=(7, 7))
plt.pie(data, # 设置数据
```

```python
            labels = labels,      # 设置数据标签
            explode = explode,    # 设置突出显示效果
            autopct = "%1.1f%%",  # 保留一位小数
            colors = colors,      # 设置填充色
            startangle = 270,     # 饼状图的初始摆放角度
            shadow = True)        # 是否添加阴影效果

# 设置饼状图标题并显示绘图
plt.title("就业专业匹配度分布")
plt.show()
```

运行结果为：

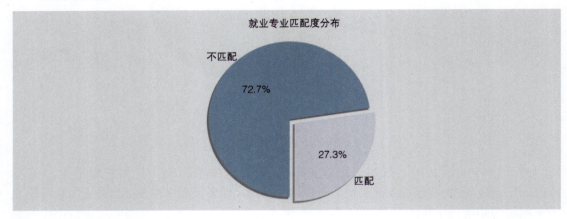

（2）柱状图

虽然饼状图可以很好地表达离散型数据在各水平上的差异，但是它不擅长对比差异不大或者值过多的离散型数据，因为饼状图通过扇形面积的大小来表示数值的高低，而人们对扇形面积的比较并不是特别敏感。如果读者手中的数据恰好不适合使用饼状图来展现，可以选择另一种常用的可视化方法——柱状图。

以垂直柱状图为例，离散型数据的差异就是比较各个柱形的高低，柱形越高，代表数值越大，反之亦然。使用 matplotlib 库绘制柱状图，需要调用函数 bar( )，示例代码及运行结果如下。

代码如下：

```python
import matplotlib.pyplot as plt

# 构造绘图数据（市值）
data = [4499,3951,551,453,391,365,325,261,217,212]
# 构造绘图数据的标签说明
labels = ("阿里","腾讯","美团","京东","拼多多",
          "百度","网易","小米","腾讯音乐","三六零")
```

```python
# 绘制柱状图
plt.bar(
    x = np.arange(10), # 设置 x 轴的刻度值
    height = data, # 设置 y 轴的数据
    label = "数据截至2019年8月30日",
    tick_label = labels) # 设置 x 轴的刻度标签

# 添加 y 轴的标签
plt.ylabel("市值（单位：亿美元）")
# 添加数据说明
for x, y in enumerate(data):
    plt.text(x, y+0.5, "%s" %round(y,1), ha="center")

# 设置柱状图标题并显示绘图
plt.title("中国十大互联网上市公司")
plt.legend() # 添加图例
plt.show()
```

运行结果为：

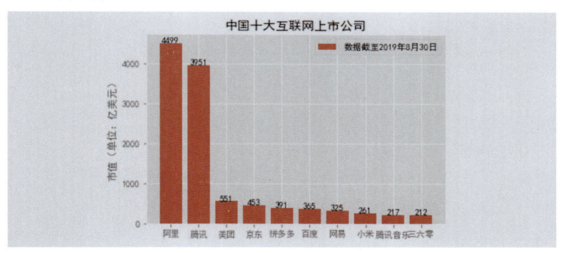

2. 数值型数据的可视化

有时，我们会拿到大量的数值型数据，在对数值型数据进行探索和分析时，一般会应用可视化方法。对于这类数据，可以使用折线图、直方图、箱线图等进行可视化。

（1）折线图

对于时间序列数据而言，一般会使用折线图反映数据背后的趋势。通常折线图的横坐标表示日期数据，纵坐标表示某个数值型变量，matplotlib 中的函数 plot() 可用于绘制折线图，下面举例说明。

给定一份包含2018年1月比特币价格的数据集，文件名为"bitcoin.csv"（可从本书

配套网站下载），绘制整月比特币价格趋势折线图，示例代码及运行结果如下。

代码如下：

```python
import pandas as pd
import matplotlib.pyplot as plt
from matplotlib.pyplot import MultipleLocator

# 构造绘图数据（比特币）
data = pd.read_csv("bitcoin.csv") # 使用 pandas 库读入待处理的 csv 文件
data = data.iloc[::-1] # 原始数据按日期倒序排列，需反转成正序

# 绘制折线图
plt.plot(
    data.Date, # 设置 x 轴数据（日期）
    data.Close, # 设置 y 轴数据（收盘价）
    marker = "o") # 在折线图中添加圆点

# 将 x 轴的刻度间隔设置为 7
plt.gca().xaxis.set_major_locator(MultipleLocator(7))
# 为了避免 x 轴刻度的拥挤，将其旋转 45 度
plt.xticks(rotation=45)
# 添加 y 轴标签
plt.ylabel(" 美元 ")
# 设置折线图标题并显示绘图
plt.title("2018 年 1 月比特币价格趋势 ")
plt.show()
```

运行结果为：

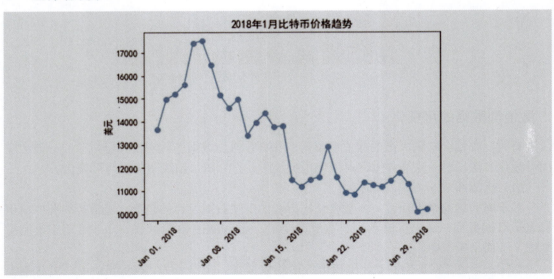

（2）直方图

直方图一般用来观察数据的分布形态，横坐标代表数值的均匀分段，纵坐标代表每个段内的观测数值（频数）。matplotlib 中的函数 hist( ) 用于绘制直方图，下面举例说明。

给定一份包含 1000 名学生考试成绩信息的数据集，文件名为"student.csv"（可从本书配套网站下载），绘制其数学成绩直方图的代码及运行结果如下。

代码如下：

```python
import pandas as pd
import matplotlib.pyplot as plt

# 构造绘图数据（数学成绩）
data = pd.read_csv("student.csv")["math score"]  # 使用 pandas 库读入待处理的 csv 文件

# 绘制直方图
plt.hist(
    x = data,  # 设置绘图数据
    bins = 20)  # 设置直方图中条块的个数
plt.rcParams["font.sans-serif"] = ["SimHei"]  # 正常显示中文标签

# 添加 x 轴和 y 轴标签
plt.xlabel("数学成绩")
plt.ylabel("出现频数")

# 设置直方图标题并显示绘图
plt.title("1000 名学生的数学成绩分布")
plt.show()
```

运行结果为：

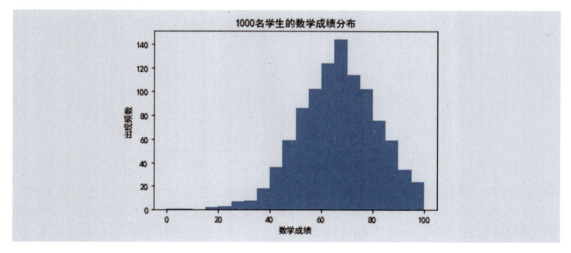

一般直方图都会与核密度图相互搭配使用，目的是更加清晰地描述数据的分布特征。如果在直方图的基础上再添加核密度图，通过 matplotlib 库完成就比较吃力了，首先需要计算出每个分数对应的核密度值。下面介绍利用 pandas 库中的函数 plot( ) 将直方图和核密度图绘制在一起的方法。

代码如下：

```python
import pandas as pd
import matplotlib.pyplot as plt

# 构造绘图数据（数学成绩）
data = pd.read_csv("student.csv")["math score"]  # 使用 pandas 库读入待处理的 csv 文件

# 绘制直方图
data.plot(kind="hist", bins=20, density=True, label="直方图")

# 绘制核密度图
data.plot(kind="kde", label="核密度图")

# 设置直方图标题并显示绘图
plt.title("1000名学生的数学成绩分布")
plt.legend()  # 添加图例
plt.show()
```

运行结果为：

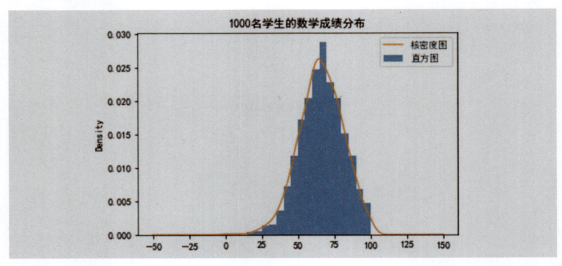

从上面示例可以看出，核心代码有两行，分别利用函数 plot( ) 绘制出了直方图和核密度图。需要注意的是，在直方图的基础上添加核密度图，必须将直方图的频数更改为频率，并且将参数 density 设置为 True。

小贴士　核密度估计（Kernel Density Estimates，KDE）是对直方图的一个自然拓展。所谓核密度估计，就是采用平滑的峰值函数（核）来拟合观察到的数据点，从而对真实的概率分布曲线进行模拟。理论上，所有平滑的峰值函数均可作为 KDE 的核函数来使用。

3. 关系型数据的可视化

前面内容都是基于独立的离散型或数值型数据进行的可视化展现。在众多的可视化图形中，有一类图形专门用于探究两个或三个变量之间的关系。例如，散点图用于发现两个变量之间的关系，气泡图可以展现三个变量之间的关系。

（1）散点图

如果需要研究两个数值型变量之间是否存在某种关系，如正向线性关系，或者是趋势性的非线性关系，那么散点图就是最佳选择，在挑战 17 中用于分析电影评分与票房关系的就是散点图。matplotlib 中的函数 scatter( ) 可以非常方便地绘制两个数值型变量的散点图，下面举例说明。

给定一份包含全世界 227 个国家信息的数据集，文件名为"countries.csv"（可从本书配套网站下载），示例代码及运行结果如下。

代码如下：

```python
import pandas as pd
import matplotlib.pyplot as plt

# 构造绘图数据（全世界的国家）
data = pd.read_csv("countries.csv") # 使用 pandas 库读入待处理的 csv 文件

# 绘制散点图
plt.scatter(
    x = data.Population, # 将人口数量设置为散点图的 x 轴数据
    y = data.Area, # 将国土面积设置为散点图的 y 轴数据
    color = "green") # 设置点的颜色

# 添加 x 轴和 y 轴标签
plt.xlabel("人口数量（单位：个）")
plt.ylabel("国土面积（单位：平方千米）")

# 设置直方图标题并显示绘图
plt.title("人口数量与国土面积的关系")
plt.show()
```

运行结果为：

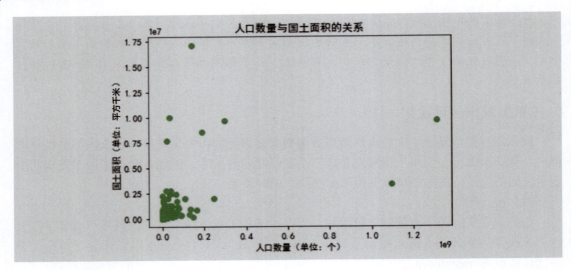

（2）气泡图

散点图是反映两个数值型变量间的关系，如果还想添加第三个数值型变量，一般可以使用气泡图。气泡图的实质就是通过第三个变量控制每个散点的大小，点越大，代表第三个变量越大，反之亦然。绘制气泡图同样需要使用函数 scatter( )，其中关键的参数是 s，即散点图中点的大小，如果将数值型变量传递给该参数，就可以轻松地绘制气泡图了。

给定一份电子游戏的数据集，文件名为"games.csv"（可从本书配套网站下载），绘制用户评分、销售额和评分用户数之间的气泡图，探究三者之间的关系，示例代码及运行结果如下。

代码如下：

```python
import pandas as pd
import matplotlib.pyplot as plt

# 构造并清洗绘图数据（电子游戏的数据集）
data = pd.read_csv("games.csv") # 使用 pandas 库读入待处理的 csv 文件
data = data.dropna() # 删除空值（NaN）行
data.User_Score = data.User_Score.astype('float64') # 字段类型转换
print(f"清洗后记录数：{data.shape[0]}条，包含字段：{data.columns}。")
# 绘制北美销售气泡图
plt.scatter(
    x = data.User_Count, # 设置评分用户数数据
    y = data.NA_Sales, # 设置北美销售数据
    s = data.User_Score * 10, # 设置用户评分数据
    label = "北美", alpha = 0.6)
# 绘制欧洲销售气泡图
plt.scatter(
    x = data.User_Count, # 设置评分用户数数据
    y = data.EU_Sales, # 设置欧洲销售数据
```

```
        s = data.User_Score * 10, # 设置用户评分数据
        label = "欧洲", alpha = 0.6)
# 绘制日本销售气泡图
plt.scatter(
        x = data.User_Count, # 设置评分用户数数据
        y = data.JP_Sales, # 设置日本销售数据
        s = data.User_Score * 10, # 设置用户评分数据
        label = "日本", alpha = 0.6)
# 添加 x 轴和 y 轴标签
plt.xlabel("评分用户数")
plt.ylabel("销售额（单位：百万美元）")
# 设置直方图标题并显示绘图
plt.title("评分用户数、销售额及用户评分的气泡图")
plt.legend() # 添加图例
plt.show()
```

运行结果为：

清洗后记录数：6825 条，包含字段：Index(['Name', 'Platform', 'Year_of_Release', 'Genre', 'Publisher', 'NA_Sales','EU_Sales', 'JP_Sales', 'Other_Sales', 'Global_Sales', 'Critic_Score','Critic_Count', 'User_Score', 'User_Count', 'Developer', 'Rating'],dtype='object')。

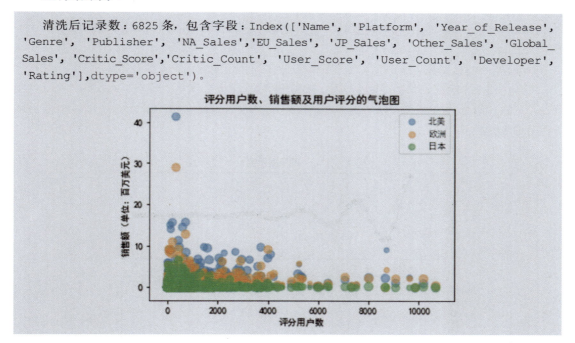

从上图可知，评分用户的总数量对一款电子游戏产品销售额的影响似乎并不是很大，而用户评分（用户对电子游戏的评价）指标相对更加重要一些。代码编写需要注意的是，如果参数 s 对应的变量值小于等于 0，则对应的气泡是无法绘制出来的。这里提供一个解决思路，就是先将该变量标准化为 [0, 1]，再加上一个非常小的值，如 0.001。如果希望凸显气泡，也可以将参数 s 乘以一个扩大系数。

4. 多图形合并

实际工作中往往会根据业务需求，将绘制的多个图形合并显示在一个大图框内，形成

类似仪表盘的视觉效果。针对这种情况，使用 matplotlib 库创建多图形的常用写法为：fig, ax = plt.subplots()（等价于 fig, ax = plt.subplots(11)，画个子图），其中函数 subplots( ) 返回一个包含 figure（总画布）和 axes（一般用来操纵子图）对象的元组，并赋值给两个对应的变量。示例代码及运行结果如下。

代码如下：

```python
import numpy as np
import matplotlib.pyplot as plt

# 构建绘图数据
x1 = np.linspace(0.0, 5.0)
x2 = np.linspace(0.0, 2.0)
y1 = np.cos(2 * np.pi * x1) * np.exp(-x1)
y2 = np.cos(2 * np.pi * x2)
# 创建两个子图（ax1 和 ax2）
fig, (ax1, ax2) = plt.subplots(2, sharey=True)
# 绘制子图一
ax1.plot(x1, y1, "ko-")
ax1.set(title="两子图示例", ylabel="阻尼振荡")
# 绘制子图二
ax2.plot(x2, y2, "r.-")
ax2.set(xlabel="时间（单位：秒）", ylabel="非阻尼")
plt.show()
```

运行结果为：

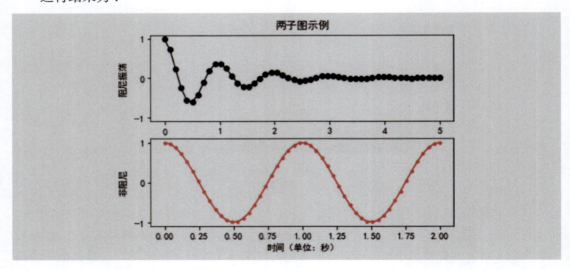

18.5 小结

本次挑战中，作者通过"安斯库姆四重奏"挑战，希望各位读者能够掌握 Python 中基于 matplotlib 库的基本数据可视化方法，具体包括：

- 饼状图的适用场景和绘制方法；
- 柱状图的适用场景和绘制方法；
- 折线图的适用场景和绘制方法；
- 直方图的适用场景和绘制方法；
- 散点图的适用场景和绘制方法；
- 气泡图的适用场景和绘制方法；
- 多图形合并。

在数据可视化时，应针对不同类型的数据选取不同图形进行展现，离散型数据可以选用饼状图或柱状图，数值型数据可以选用折线图或直方图，关系型数据可以选用散点图或气泡图。

通过 Python 进行数据可视化的库还有很多种，如 ggplot、bokeh、pygal、plotly 等，读者可以在官网查看详细的文档说明。需要注意的是，Python 绘图的核心模块是 matplotlib 库，其他库的绘图功能多多少少依赖于 matplotlib，所以读者一定要牢牢掌握 matplotlib 库中的核心知识点。

18.6　巩固练习

给定某公司一年 12 个月份的销售数据集（文件名为"company_sales_data.csv"，可从本书配套网站下载），如图 18-3 所示，请按照如下要求编写程序，进行数据可视化工作。

month_number	facecream	facewash	toothpaste	bathingsoap	shampoo	moisturizer	total_units	total_profit
1	2500	1500	5200	9200	1200	1500	21100	211000
2	2630	1200	5100	6100	2100	1200	18330	183300
3	2140	1340	4550	9550	3550	1340	22470	224700
4	3400	1130	5870	8870	1870	1130	22270	222700
5	3600	1740	4560	7760	1560	1740	20960	209600
6	2760	1555	4890	7490	1890	1555	20140	201400
7	2980	1120	4780	8980	1780	1120	29550	295500
8	3700	1400	5860	9960	2860	1400	36140	361400
9	3540	1780	6100	8100	2100	1780	23400	234000
10	1990	1890	8300	10300	2300	1890	26670	266700
11	2340	2100	7300	13300	2400	2100	41280	412800
12	2900	1760	7400	14400	1800	1760	30020	300200

图 18-3　销售数据集

- 读取所有月份的总利润，并使用折线图显示。
- 读取所有产品销售数据，并使用多图例折线图显示。
- 读取每月的牙膏（toothpaste）销售数据，并使用散点图显示。
- 读取面霜（facecream）和洗脸产品（facewash）销售数据，并使用柱状图显示。
- 读取每个月的总利润，并使用直方图显示，分析最常见的利润范围。
- 计算每种产品的总销售数据，并使用饼状图显示。

CHALLENGE 19 预测房价 —— 机器学习与 sklearn 库

19.1 挑战描述

美国马萨诸塞州波士顿地区房地产市场竞争激烈，小明想成为该地区最好的房地产经纪人。为了更好地与同行竞争，他决定运用人工智能的一些基本技术，帮助客户为自己的房产定下最佳售价。幸运的是，小明找到了一份波士顿房价数据集，包含多个特征维度的房价数据。

本次挑战中，需要读者用 Python 对数据集进行统计分析，并基于分析建立模型，为小明的客户评估房产的最佳售价。

19.2 解题思路

在当前机器学习领域的应用中，scikit-learn（简称 sklearn）是一个功能强大的 Python 库。sklearn 库中内置了很多机器学习模块，也提供了很多数据集。本挑战中使用到的波士顿房价数据集（来源于 1978 年美国某经济学杂志）也包含其中。数据集的结构是一个 403×13 的矩阵列表，每一行代表一组指标，13 个维度特征（指标）如表 19-1 所示。

表 19-1 13 个维度特征（指标）

字段名称	字段解析
CRIM	城镇人均犯罪率
ZN	住宅用地所占比例
INDUS	城镇中非住宅用地所占比例
CHAS	用于回归分析的虚拟变量
NOX	环保指数（一氧化氮浓度）
RM	每栋住宅的房间数
AGE	1940 年以前建成的自住单位的比例
DIS	距离 5 个波士顿的就业中心的加权距离
RAD	距离高速公路的便利指数
TAX	每一万美元的不动产税率
PTRATIO	城镇中的教师学生比例
B	城镇中的黑人比例
LSTAT	地区中有多少房东属于低收入人群

CHALLENGE 19

预测房价 —— 机器学习与 sklearn 库

机器学习与 sklearn 库将在后续进行具体介绍。可先通过本挑战来感受、了解一下使用 sklearn 库进行机器学习的基本步骤，思路如下。

❶ 导入 sklearn 库中的波士顿房价数据集。
❷ 根据场景需求，选取合适的算法建立模型。
❸ 使用数据集训练模型。
❹ 预测、评估、持续改进模型。

总结起来，就是导入、建模、训练、预测。sklearn 库中涵盖了大多数常见的机器学习算法，这些算法的使用有很多相似之处，掌握其一后，其他的也就容易学会了。

19.3 编程实现

请读者在 Anaconda 环境中，启动 JupyterLab 工具，新建一个 Notebook，并将文件名设置为"预测房价.ipynb"，然后保存，接下来开始编写 Python 代码，示例代码及运行结果如下。

代码如下：

```python
'''
作者：Syman
名称："预测房价"示例程序
'''

from sklearn import datasets
from sklearn.model_selection import cross_val_predict
from sklearn import linear_model
import matplotlib.pyplot as plt

# 导入数据集（含13个特征值和1个目标值）
boston = datasets.load_boston()
# 导入目标值（实际房价）
y = boston.target

# 使用线性回归模型 LinearRegression 对波士顿房价数据进行训练及预测
lr = linear_model.LinearRegression()

# 返回与"y"大小相同的数组，其中每个元素都是通过交叉验证获得的预测值
predicted = cross_val_predict(lr, boston.data, y, cv=10)

# 合并绘制散点图 + 折线图
fig, ax = plt.subplots()  # 返回图形和轴对象，并分别保存在两个变量中
ax.scatter(y, predicted, edgecolors=(0, 0, 0))  # 绘制散点图
```

```
    ax.plot([y.min(), y.max()], [y.min(), y.max()], "k--", lw=4,
color="red")  # 绘制折线图
    ax.set_xlabel(" 测量值 ")
    ax.set_ylabel(" 预测值 ")
    plt.rcParams["font.sans-serif"] = ["SimHei"]  # 正常显示中文标签
    plt.title(" 房价预测结果分析 ")
    plt.show()
```

运行结果为：

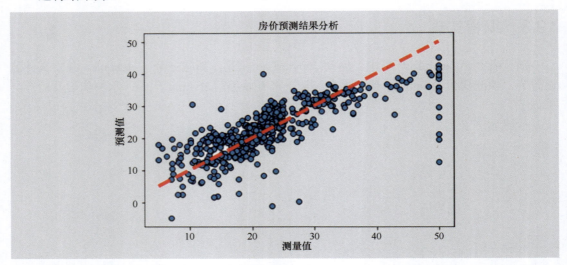

上图中，在红线上的蓝点都是准确预测的点，而在红线下方和上方的点，则分别是过低预测及过高预测的结果。

19.4　机器学习

什么叫机器学习？至今还没有统一的关于"机器学习"的定义，而且也很难给出一个公认的准确定义。简单地按照字面去理解，机器学习的目的是让机器能像人一样具有学习能力。机器学习领域奠基人之一、美国工程院院士 Mitchell 教授认为机器学习是计算机科学和统计学的交叉，同时也是人工智能和数据科学的核心。他在撰写的经典教材 *Machine Learning* 中所给出的机器学习经典定义为"利用经验来改善计算机系统自身的性能"。一般而言，经验对应于历史数据（例如，互联网数据、科学实验数据等），计算机系统对应于机器学习技术（例如，决策树、支持向量机等），而性能则是模型对新数据的处理能力（例如，分类和预测性能等），如图 19-1 所示。

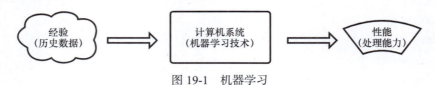

图 19-1　机器学习

预测房价——机器学习与 sklearn 库

通俗来说，经验和数据是燃料，性能是目标，而机器学习技术则是火箭，是计算机系统通往智能的技术途径。更进一步讲，机器学习致力于研究如何通过计算的手段，利用经验改善系统自身的性能，其根本任务是数据的智能分析与建模，进而从数据中挖掘出有用的价值。随着计算机、通信、传感器等信息技术的飞速发展以及互联网应用的日益普及，人们能够以更加快速、容易、廉价的方式来获取和存储数据资源，使得数字化信息以指数方式迅速增长。

但是，数据本身是死的，它不能自动呈现出有用的信息。机器学习技术是从数据中挖掘出有价值信息的重要手段，它通过对数据建立抽象表示并基于表示进行建模，然后估计模型的参数，从而从数据中挖掘出对人类有价值的信息。接下来以机器学习基本方法的角度从监督学习和非监督学习两个方面来介绍机器学习的基本概念和方法。

1. 监督学习

为了更好地理解不同类型的机器学习方法，我们首先定义一些基本概念。机器学习是建立在数据建模基础上的，因此，数据是进行机器学习的基础。我们可以把所有数据的集合称为数据集（Dataset），如图 19-2 所示。其中每条记录称为一个"样本"（Sample），如图中每个不同颜色和大小的三角形和圆形均是一个样本。样本在某方面的表现或性质称为属性（Atribute）或特征（Feature），每个样本的特征通常对应特征空间中的一个坐标向量，称为特征向量（Feature Vector）。

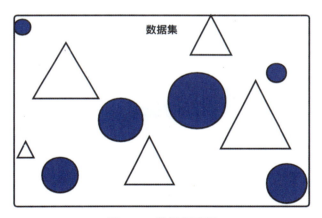

图 19-2　数据集示例

如图 19-2 所示，每个样本具有形状、颜色和大小三种不同的特征，其特征向量可以由这三种特征构成，即 xi=[shape, color, size]。机器学习任务的目标是从数据中学习出相应的"模型"（Model），也就是说模型是从数据中学习判断不同样本的形状、颜色和大小的方法。有了这些模型后，在面对新的情况时，模型会给我们提供相应的判断。以此为例，在面对一个新样本时，我们可以根据样本的形状、颜色和大小等不同特征对样本进行相应分类。

监督学习是机器学习中最重要的一类方法，占据了目前机器学习算法的绝大部分。监督学习就是在已知输入和输出的情况下训练出模型，然后将输入映射到输出。简单来说，在开始训练前就已经知道了输入和输出，我们的任务是建立起一个将输入准确映射到输出的模型，当给模型输入新的值时就能预测出对应的输出了。在监督学习中，用来训练模型的训练集数据（Training Set）一般都包含了答案，称为标签（Label），如图 19-3 所示。

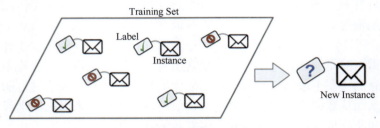

图 19-3　加了标签的训练集数据

一个典型的监督学习任务是分类，例如，垃圾邮件过滤器用许多带有归类（垃圾邮件或普通邮件）的邮件样本进行训练，使得过滤器能够对新邮件进行分类；另一个典型任务是预测目标数值，例如，给出一些特征值（里程数、车龄、品牌等），然后预测一辆汽车的价格，这类任务称为回归，要训练这个系统，需要给出大量汽车样本，包括它们的标签和预测值。可以看出，本挑战中的预测房价也属于回归。

2. 非监督学习

顾名思义，非监督学习就是不受监督的学习。与监督学习建立在人标注数据的基础上不同，非监督学习不需要人进行数据标注，而是通过模型不断地进行自我认知、自我巩固，最后进行自我归纳来实现其学习过程。虽然目前非监督学习的使用不如监督学习广泛，但是这种独特的方法为机器学习的未来发展方向给出了很多启发和可能性，引起越来越多的关注。2015 年，深度学习"三巨头"——Yann LeCun、Yoshua Bengio 和 Geoffrey Hinton 首次合作在 *Nature* 上撰文，在对深度学习未来展望时写道："非监督学习对于重新点燃深度学习的热潮起到了促进作用，我们期望非监督学习越来越重要，使我们能够通过观察发现世界的内在结构，而不是被告知每个客观事物的名称。"

从功能角度讲，非监督学习可以帮助我们发现数据的"群落"，同时也可以寻找"离群"的样本；另外，对于特征维度非常高的数据样本，我们同样可以通过非监督学习对数据进行降维，保留最具有区分性的低维度特征。这些都是大数据处理中非常实用的技术。

同监督学习相比，非监督学习具有很多明显优势，其中最重要的是不再需要大量的标注数据。如今，以深度学习为代表的机器学习模型往往需要在大型监督型数据集上进行训练，即每个样本都有一个对应的标签。例如，目前在图像分类任务中被普遍使用的 imageNet 数据集有一百多万张人为标记的图像，共分为 1000 类。而近期谷歌公司更是表示要着手建立 10 亿级别的数据集。很显然，要创建如此规模的数据集需要花费大量的人力、物力和财力，同时也需要消耗大量的时间。正因为非监督学习的重要意义，Yann LeCun 有一个非常著名的比喻："假设机器学可是个蛋糕，强化学习是蛋栏上的一颗樱桃，监督学习是外面的一层糖衣，那么非监督学习才是蛋糕的糕体。"

我们可以用一个简单的例子来理解非监督学习。设想有一批照片，其中包含不同颜色的几何形状。但是机器学习模型只能看到一张张照片,这些照片没有任何标记,也就是计算机并不知道几何形状的颜色和外形。我们将数据输入非监督学习的模型,算法可以尝试着理解图中的内容,并将相似的物体聚在一起。在理想情况下,机器学习模型可以将不同形状、不同颜色的几何形状聚集到不同的类别中去,而特征提取和标签都是模型自己完成的。

实际上,非监督学习更接近于人类的学习方式。例如,一个婴儿在开始接触世界的时候,父母会拿着一张照片或者一只小猫告诉他这是"猫"。但是接下来在遇到不同的猫或照片的时候,父母并不会一直告诉他这是"猫"。婴儿会不断地自我发现、学习,调整自己对"猫"的认识,从而最终理解并认识什么是"猫"。相比之下,目前的监督学习算法则要求我们一次次反复地告诉机器学习模型什么是"猫",也许要高达数万甚至数十万次。

关于非监督学习的更多内容,有兴趣的读者可以参阅 Christpher M. Bishop 撰写的《模式识别与机器学习》。

19.5　sklearn 库

sklearn 库最早由 David Cournapeau 在 2007 年的 Google 夏季代码节中提出并启动。后来作为 Matthieu Brucher 博士工作的一部分得以延续和完善。现在已经是相对成熟的机器学习开源项目。近十年来,有超过 20 位计算机专家参与其代码的更新和维护工作。作为一款用于机器学习和实践的 Python 第三方开源程序库,sklearn 无疑是成功的。无论是其出色的接口设计,还是高效的学习能力,都使它成为许多机器学习工程师的核心工具包。另外,sklearn 还提供了详细的英文版使用文档,地址为 http://scikit-learn.org/stable/user_guide.html,也是值得参考的辅助学习材料。

解决机器学习问题最困难的部分通常是为工作找到正确的算法,不同的算法适合于不同类型的问题和数据,sklearn 库提供了一张非常实用的算法选择流程图,为开发者选择合适的机器学习方法提供指导,如图 19-4 所示。

sklearn 库共支持四大类算法:分类(Classification)、聚类(Clustering)、回归(Regression)和降维(Dimensionality Reduction),基本覆盖常见的需求。使用自然语言描述算法选择流程,其步骤如下。

❶ 从 START 开始,检查数据样本量,如果小于 50 个,则需要先收集更多的数据。
❷ 检查任务目标,如果是预测一个种类,并且拥有标注的数据,那么这就是一个分类任务;如果没有标注数据,那么这就是一个聚类任务。
❸ 如果任务目标是预测数值,那么这就是个回归任务。
❹ 如果任务目标只是希望更好地观测数据,那么这是个降维任务。
❺ 如果以上都不是,那么目标就是一个困难任务。

从图 19-4 来看,sklearn 对数据集的要求非常严格,往往是特定的数据只能进行特定的任务,那么在进一步看这四类算法之前,首先了解一下 sklearn 中的数据集。

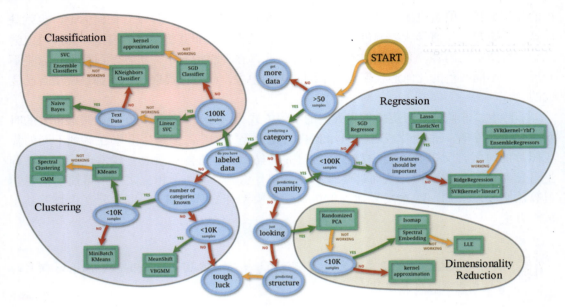

图 19-4　算法选择流程图

1. sklearn 的数据集

sklearn 中自带了各种各样的数据集来满足不同的任务需求，例如，本挑战中使用的房价数据集。了解 sklearn 所有的数据集是不现实的，但有必要了解各类任务的典型数据集。sklearn 的数据集可以理解为二维矩阵，也可以认为是一个列表。列表的第一个维度代表样本，第二个维度代表特征（每一行代表一个样本，每一列代表一种特征），示例代码如下，根据运行结果可以看到，鸢尾花卉（iris）数据集共包含 150 个样本，每个样本包含 4 个特征。

代码如下：

```python
from sklearn import datasets

# 加载 sklearn 的鸢尾花卉数据集
iris = datasets.load_iris()
data = iris.data
data.shape # 打印维度信息
```

运行结果为：

```
(150, 4)
```

鸢尾花卉数据集是源自 20 世纪 30 年代的经典数据集，数据中包含不同种类的鸢尾花卉数据，这些种类可以通过它们的形态来识别。sklearn 库中的鸢尾花卉数据集包含 3 种鸢尾花卉（Setosa、Versicolour 和 Virginica），共具有 4 个特征：花萼长度、花萼宽度、花瓣长度和花瓣宽度，详细信息可以通过 iris.DESCR 查看。

> **小贴士** 鸢尾又名蓝蝴蝶、紫蝴蝶、扁竹花等，属百合目、鸢尾科、鸢尾属，多年生草本，根状茎粗壮，花蓝紫色，直径约 10cm。原产于中国中部以及日本，主要分布在中国中南部。可供观赏，花香淡雅，可以调制香水，其根状茎可作中药，全年可采，具有消炎作用。

2. sklearn 的分类算法

分类的核心目的是给定一个样本，根据一个模型，预测出该样本属于哪个类别。从这个定义可以看出：
- 分类需要有已知的、固定的类别；
- 需要建立一个预测模型，这个模型就是分类任务的关键。

机器学习工程师口中的"训练分类"就是要得到一个模型。和训练相对的一个阶段就是评估，下面为使用 sklearn 库进行鸢尾花卉分类的示例代码及运行结果。

代码如下：

```python
import numpy as np
from sklearn import datasets
from sklearn.model_selection import KFold
from sklearn.model_selection import train_test_split
from sklearn.preprocessing import StandardScaler
from sklearn.linear_model import Perceptron
from sklearn.metrics import accuracy_score

iris = datasets.load_iris()
X = iris.data[:,[2,3]]
Y = iris.target

# 处理数据集，得到训练集和测试集
X_train, X_test, Y_train, Y_test = train_test_split(X, Y, test_size=0.3, random_state=0)

# 对特征数据进行标准化处理
sc = StandardScaler()
sc.fit(X_train)
X_train_std = sc.transform(X_train)
X_test_std = sc.transform(X_test)

# 训练分类器模型
```

```
ppn = Perceptron(max_iter=40, tol=5, eta0=0.1, random_state=0)
ppn.fit(X_train_std, Y_train)

# 预测并评估模型性能
Y_pred = ppn.predict(X_test_std)  # 预测
score = accuracy_score(Y_test, Y_pred)  # 评估分类准确率
print(f"模型性能评分：{score}")  # 1 为满分
```

运行结果为：

模型性能评分：0.9777777777777777

小贴士 在数据分析之前，我们通常需要先将数据标准化（Normalization），利用标准化后的数据进行数据分析。数据标准化也就是统计数据的指数化。数据标准化处理主要包括数据同趋化处理和无量纲化处理两个方面。

以上代码为一个分类任务的标准流程，后续就可以根据训练得到的分类器 ppn 对目标进行分类。这里采用的分类算法是感知机算法 Perceptron，sklearn 中自带了很多种分类算法，开发者需要结合现有数据的特点和各个分类算法的适用范围来选择合适的算法。不仅分类算法是这样，其他几类算法也大致如此。图 19-4 只对选择做了初步的指导，更多的时候需要开发者结合经验和理论来选择。

3. sklearn 的聚类算法

分类是利用已经标注的信息训练出一个数据模型或分类器，然后使用模型判别未归类样本的类别。而聚类的逻辑和流程则不同，一般聚类任务是不知道样本类别的，而要根据样本在数据特征空间的相似性对样本进行归类，确定样本的归属。

sklearn 中也包含了多种聚类算法，包括经典的 *K-Means* 聚类算法，下面假设不知道鸢尾花卉的类别数据，使用聚类算法对目标数据进行处理，得到不同样本之间的归类关系。

代码如下：

```python
from sklearn import datasets
import numpy as np
from sklearn.cluster import KMeans

iris = datasets.load_iris()
original_x = iris.data

# 特征转换，使用加和的方式将样本空间从 4 维转换为 2 维（以方便在二维平面上展示结果）
datas = original_x[:, :2] + original_x[:, 2:]
```

```python
# 设定聚类算法参数，并进行训练
kmeans = KMeans(init="k-means++", n_clusters=3)
kmeans.fit(datas)

# 在 kmeans 中就包含了 K 均值聚类的结果：聚类中心点和每个样本的类别
labels = kmeans.labels_
centers = kmeans.cluster_centers_
```

下面使用 matplotlib 库将聚类结果进行数据可视化。
代码如下：

```python
from matplotlib import pyplot as plt

# 计算每一类到其中心距离的平均值，作为绘图时绘制圆圈的依据
distances_for_labels = []
for label in range(kmeans.n_clusters):
    distances_for_labels.append([])
for i, data in enumerate(datas):
    label = kmeans.labels_[i]
    center = kmeans.cluster_centers_[label]
    distance = np.sqrt(np.sum(np.power(data - center, 2)))
    distances_for_labels[label].append(distance)
ave_distances = [np.average(distances_for_label)
                 for distances_for_label in distances_for_labels]

# 设置画纸
fig, ax = plt.subplots()
ax.set_aspect("equal")

# 绘制每个聚类
for label, center in enumerate(kmeans.cluster_centers_):
    radius = ave_distances[label] * 1.5
    ax.add_artist(plt.Circle(center, radius=radius, color="r", fill=False))

# 根据每个数据的真实标签来选择数据点的颜色
plt.scatter(datas[:, 0], datas[:, 1], c=iris.target)
plt.show()
```

运行结果为：

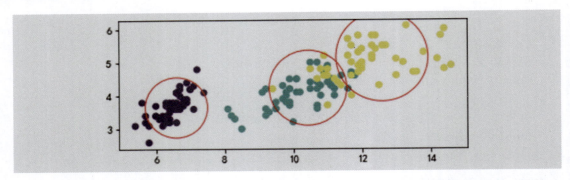

对于鸢尾花卉样本的分类结果如上图所示,不同的颜色代表不同的样本。与分类算法类似,聚类算法同样可以预测未知数据的类别。给定新的样本数据,比较其距离已知分类中心的距离,就可以预测该样本的类别。

sklearn 库中的各种聚类算法也各有不同。例如,K-Means 算法就需要指定样本的类别数量,如果指定的类别数值等同于真实类别,会显著提升结果的准确度和可解释性。而有的聚类算法可能对初始类别值不敏感,所以同样需要根据数据特征和研究目的,结合各个算法的特性来选择合适的聚类算法。

4. sklearn 的回归算法

首先来看回归分析的定义:对具有相关关系的两个变量之间的关系形式进行测定,确定一个相关的数学表达式,以便进行估计预测的统计分析方法。这个定义已经很好地诠释了回归的用处。从某种意义上讲,分类和回归具有一定的相似性,都是根据一些列变量(特征)来推测出另外变量的值,只不过分类是离散的,而一般意义上的回归是连续的(逻辑回归也算是分类的一种)。本挑战采用的就是回归算法。

5. sklearn 的降维算法

在数据处理中,经常会遇到特征维度比样本数量多得多的情况,如果运用到实际工程中,效果不一定好。一是因为冗余的特征会带来一些噪音,影响计算的结果;二是因为无关的特征会加大计算量,耗费时间和资源。所以我们通常会对数据重新变换,再输入模型中。数据变换的目的不仅仅是降维,还可以消除特征之间的相关性,并发现一些潜在的特征变量。

降维算法有很多,例如,PCA、ICA、SOM、MDS、ISOMAP、LLE 等,在此不一一列举。PCA(Principal Component Analysis)是一种非监督降维算法,它是最常用的降维算法之一,可以很好地解决由于变量太多导致复杂性和计算量增大的弊端。下面展示如何将鸢尾花卉的四维数据通过 PCA 降到二维。

代码如下:

```python
from sklearn.decomposition import PCA
from sklearn.datasets import load_iris

iris = load_iris()
```

```
X = iris.data
pca = PCA(n_components=2)
reducedX = pca.fit_transform(X)

# 绘制散点图
plt.figure()
colors = ["navy", "turquoise", "darkorange"] # 三种鸢尾花卉的绘图颜色
# [y==i, 0] 表示将第 0 组作为 x 轴
for color, i, target_name in zip(colors, [0, 1, 2], iris.target_names):
    plt.scatter(reducedX[y==i, 0], reducedX[y==i, 1], color=color, alpha=.8,
                lw=2, label=target_name)
plt.legend() # 添加图例
plt.title("通过 PCA 将鸢尾花卉数据集降维")
plt.show()
```

运行结果为：

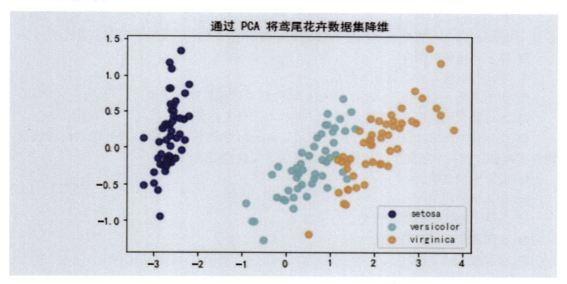

以上代码将鸢尾花卉数据集的维度降到了二维，并可通过图片展示降维后的样本。而且，通过肉眼可以明确观察到三种不同的鸢尾花卉（不同颜色的点）。

19.6 小结

本次挑战中，作者通过"预测房价"挑战，希望各位读者能够掌握 Python 中基于 sklearn 库的基本机器学习方法，具体包括：
- 机器学习的基本概念；
- sklearn 的分类算法；
- sklearn 的聚类算法；

- sklearn 的回归算法；
- sklearn 的降维算法。

所谓机器学习，简单来说就是面对一个具体的问题，从给定的数据中产生模型的算法。也就是说，脱离了实际问题谈机器学习是毫无意义的。在给定数据集和具体问题的前提下，解决问题的步骤按顺序一般包含：数据抽象、设定性能度量指标、数据预处理、选定模型、训练及优化、应用。

scikit-learn，一般简称为 sklearn，是 Python 中的一个机器学习算法库，基本涵盖了机器学习涉及的各个方面，包括数据的预处理、特征的提取、模型的构建、模型的训练、模型的验证以及模型的评价等。sklearn 是当前机器学习领域中最知名的 Python 库之一，若想要在机器学习领域有一番建树，必绕不开 sklearn。学习 sklearn 的一个非常好的切入点是从它的算法选择流程图（图 19-4）开始，掌握机器学习处理问题的关键步骤，并在不断实践中形成针对不同类型的问题和数据创建相应模型的能力。

19.7　巩固练习

给定一份葡萄酒特征数据集（文件名为"winequality.csv"，可从本书配套网站下载），请使用 sklearn 库，根据葡萄酒的各种特征对葡萄酒的品质进行预测，实现步骤提示如下。

❶ 导入环境和所需库。
❷ 导入数据集，查看其基本信息。
❸ 使用函数 train_test_split( )，将数据集分割为训练集和测试集。
❹ 进行数据预处理（数据标准化），使样本服从正态分布。
❺ 使用函数 make_pipeline( ) 建立管道。sklearn 中的管道可以将预处理、模型选择、调参策略都放到一个函数里，训练时把数据填入完成模型的训练。
❻ 设置模型参数。
❼ 交叉检验模型。
❽ 用整个训练集再次对模型进行调参。
❾ 在测试集中评估模型的性能。
❿ 保存模型。

20 泰坦尼克号生还者预测

20.1 挑战描述

泰坦尼克号（Titanic），又译为铁达尼号，是英国白星航运公司下辖的一艘奥林匹克级游轮，排水量46000吨，于1909年3月31日在北爱尔兰贝尔法斯特港的哈兰德与沃尔夫造船厂动工建造，1911年5月31日下水，1912年4月2日完工试航。泰坦尼克号是当时世界上体积最庞大、内部设施最豪华的客运轮船，有"永不沉没"的美誉。然而不幸的是，在它的处女航中，泰坦尼克号便遭厄运。

1912年4月14日23时40分左右，泰坦尼克号与一座冰山相撞，造成右舷船艏至船中部破裂，五间水密舱进水。4月15日凌晨2时20分左右，泰坦尼克船体断裂成两截后沉入大西洋底3700米处。2224名船员及乘客中，1517人丧生，只有不到32%的生存率，其中仅333具罹难者遗体被寻回。泰坦尼克号沉没事故为和平时期死伤人数最为惨重的一次海难，其残骸直至1985年才被再度发现，目前受到联合国教科文组织的保护。

本书最后两个挑战选取的案例来自于当前最为流行，同时也是认可度最高、参与人数最多的线上数据分析网站 Kaggle（网址为 https://www.kaggle.com ）。Kaggle 采用众包（Crowdsouring）策略，为科技公司、研究院乃至高校课程提供数据分析与预测模型的竞赛平台。该平台创立于2010年4月，由 Anthony Goldboom 等人创立，公司总部位于美国旧金山市。Kaggle 平台设立的宗旨在于：汇聚全世界从事数据分析与预测的专家以及兴趣爱好者的集体智慧，利用公开数据竞赛的方式为相关研发课题提供有效解决方案。这一初衷使得问题提出者与解决者获得了双赢。

Kaggle 平台上的关于泰坦尼克号之灾的页面截图如图 20-1 所示，可以看到，共有一万多个团队在进行角逐。

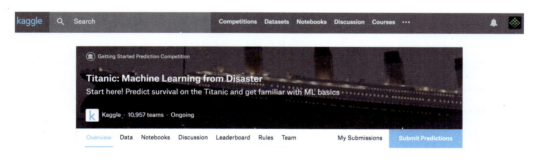

图 20-1　Kaggle 页面

小贴士　Kaggle 上的竞赛有各种分类，例如，奖金极高、竞争激烈的的"Featured"，相对平民化的"Research"等。但其整体项目模式是一致的，都是通过出题方给予的训练集建立模型，再利用测试集算出结果用来评比。同时，每个进行中的竞赛项目都会显示剩余时间、参与队伍数量以及奖金金额，并且还会实时更新选手排位。在截止日期之前，所有队伍都可以自由加入竞赛，或者对已经提交的方案进行完善，因此排名也会不断变动，不到最后一刻谁也不知道大奖会花落谁家。由于这类问题并没有标准答案，只能无限逼近最优解，所以这种模式可以激励参与者提出更好的方案，甚至可以推动整个行业的发展。

给定一份数据集，包含3个文件：titanic_train.csv（训练集数据）、titanic_test.csv（测试集数据）、titanic__submission.csv（提交结果示例），可从 Kaggle 或本书配套网站下载。本次挑战中，需要读者基于给定的数据集，综合运用 Python 和数据分析处理（numpy、pandas、matplotlib、sklearn 等库）来预测泰坦尼克号上的生还者，即对测试集中的每名乘客进行幸存或遇难的预测。通过这项兼具纪念和缅怀意义的任务，来完成一次真正的实战演练。

20.2 编程实现

请读者在 Anaconda 环境中，启动 JupyterLab 工具，新建一个 Notebook，并将文件名设置为"泰坦尼克号生还者预测.ipynb"，然后保存，接下来开始编写 Python 代码，示例代码及运行结果如下。

1. 数据获取

分别将训练集和测试集数据从本地读取。可以得到泰坦尼克号乘客数据集字段解析，如表 20-1 所示。

表 20-1 泰坦尼克号乘客数据集字段解析

字段名称	字段解析
PassengerId	乘客 ID
Pclass	舱位等级（数字越小，等级越高）
Name	乘客姓名
Sex	性别
Age	年龄
SibSp	在船上的兄弟姐妹或配偶个数
Parch	在船上的父母或小孩个数
Ticket	船票信息
Fare	票价
Cabin	客舱
Embarked	登船港口（C=Cherbourg, Q=Queenstown, S=Southampton）

代码如下：

CHALLENGE 20
泰坦尼克号生还者预测

```python
import pandas as pd

train = pd.read_csv("titanic_train.csv")
test = pd.read_csv("titanic_test.csv")
```

输出训练集和测试集的基本信息，可以事先对数据规模、各个特征的数据类型以及是否有缺失等有一个总体的了解。

代码如下：

```python
print(train.info())
print(test.info())
```

运行结果为：

```
<class 'pandas.core.frame.DataFrame'>
RangeIndex: 891 entries, 0 to 890
Data columns (total 12 columns):
PassengerId    891 non-null int64
Survived       891 non-null int64
Pclass         891 non-null int64
Name           891 non-null object
Sex            891 non-null object
Age            714 non-null float64
SibSp          891 non-null int64
Parch          891 non-null int64
Ticket         891 non-null object
Fare           891 non-null float64
Cabin          204 non-null object
Embarked       889 non-null object
dtypes: float64(2), int64(5), object(5)
memory usage: 83.6+ KB
None
<class 'pandas.core.frame.DataFrame'>
RangeIndex: 418 entries, 0 to 417
Data columns (total 11 columns):
PassengerId    418 non-null int64
Pclass         418 non-null int64
Name           418 non-null object
Sex            418 non-null object
Age            332 non-null float64
```

```
SibSp           418 non-null int64
Parch           418 non-null int64
Ticket          418 non-null object
Fare            417 non-null float64
Cabin            91 non-null object
Embarked        418 non-null object
dtypes: float64(2), int64(4), object(5)
memory usage: 36.0+ KB
None
```

根据以上信息，可以看到在训练集数据中，特征 Cabin 的缺失值比较多，其次是 Age 和 Embarked；在测试集数据中，也是特征 Cabin 的缺失值最多，其次是 Age 和 Fare。对于缺失数据，如果特征缺失值超过一半，一般认为该特征对预测没有影响，可以直接删除该特征；如果特征缺失值较少，可以使用特征中位数或众数填充。

训练集和测试集中的前 5 个样本如下所示。

代码如下：

```
train.head()
```

运行结果为：

	PassengerId	Survived	Pclass	Name	Sex	Age	SibSp	Parch	Ticket	Fare	Cabin	Embarked
0	1	0	3	Braund, Mr. Owen Harris	male	22.0	1	0	A/5 21171	7.2500	NaN	S
1	2	1	1	Cumings, Mrs. John Bradley (Florence Briggs Th...	female	38.0	1	0	PC 17599	71.2833	C85	C
2	3	1	3	Heikkinen, Miss. Laina	female	26.0	0	0	STON/O2. 3101282	7.9250	NaN	S
3	4	1	1	Futrelle, Mrs. Jacques Heath (Lily May Peel)	female	35.0	1	0	113803	53.1000	C123	S
4	5	0	3	Futrelle, Mrs. Jacques Heath (Lily May Peel)	male	35.0	0	0	373450	8.0500	NaN	S

代码如下：

```
test.head()
```

运行结果为：

	PassengerId	Pclass	Name	Sex	Age	SibSp	Parch	Ticket	Fare	Cabin	Embarked
0	892	3	Kelly, Mr. James	male	34.5	0	0	330911	2.8292	NaN	Q
1	893	3	Wilkes, Mrs. James (Ellen Needs)	female	47.0	1	0	363272	7.0000	NaN	S
2	894	2	Myles, Mr. Thomas Francis	male	62.0	0	0	240276	9.6875	NaN	Q
3	895	3	Wirz, Mr. Albert	male	27.0	0	0	315154	8.6625	NaN	S
4	896	3	Hirvonen, Mrs. Alexander (Helga E Lindqvist)	female	22.0	1	1	3101298	12.2875	NaN	S

2. 数据探索

接下来看一下训练集数据的描述性分析，这是数据分析中必不可少的一步。
代码如下：

```
train.describe()
```

运行结果为：

	PassengerId	Survived	Pclass	Age	SibSp	Parch	Fare
count	891.000000	891.000000	891.000000	714.000000	891.000000	891.000000	891.000000
mean	446.000000	0.383838	2.308642	29.699118	0.523008	0.381594	32.204208
std	257.353842	0.486592	0.836071	14.526497	1.102743	0.806057	49.693429
min	1.000000	0.000000	1.000000	0.420000	0.000000	0.000000	0.000000
25%	223.500000	0.000000	2.000000	20.125000	0.000000	0.000000	7.910400
50%	446.000000	0.000000	3.000000	28.000000	0.000000	0.000000	14.454200
75%	668.500000	1.000000	3.000000	38.000000	1.000000	0.000000	31.000000
max	891.000000	1.000000	3.000000	80.000000	8.000000	6.000000	512.329200

根据对训练集数据的描述性分析，可以得到如下信息。
- 泰坦尼克号上的乘客总数为 2224 人，实际的训练集数据为 891 人。
- 存活（Survived）是一个具有 0 和 1 的绝对数值的特征。
- 大部分乘客（大于 75%）都没有带父母或孩子出行。
- 接近 30% 的乘客与兄弟姐妹或配偶同行。
- 年龄在 60 ～ 80 岁之间的人很少。
- 票价差别很大，很少乘客支付最高价格（512）船票。

接下来，我们利用数据可视化来对数据进行探索。首先探索单个特征与存活率之间的相关性。

（1）分析特征 Pclass

代码如下：

```
train[["Pclass", "Survived"]].groupby(["Pclass"], as_index=False).mean().sort_values(by="Survived", ascending=False)
```

运行结果为：

	Pclass	Survived
0	1	0.629630
1	2	0.472826
2	3	0.242363

通过分析特征 Pclass 可以看到，乘客等级越高，平均存活率越高，Pclass 与 Survived 之间存在明显的相关性。所以，应该将特征 Pclass 纳入将要建立的模型中。

（2）分析特征 Sex

代码如下：

```
train[["Sex", "Survived"]].groupby(["Sex"], as_index=False).mean().sort_values(by="Survived", ascending=False)
```

运行结果为：

	Sex	Survived
0	female	0.742038
1	male	0.188908

通过分析特征 Sex 可以看到，女性的存活率明显高于男性，说明性别是决定存活率的一个关键因素，也应该纳入将要建立的模型中。

（3）分析特征 SibSp 和 Parch

代码如下：

```
train[["SibSp", "Survived"]].groupby(["SibSp"], as_index=False).mean().sort_values(by="Survived", ascending=False)
```

运行结果为：

	SibSp	Survived
1	1	0.535885
2	2	0.464286
0	0	0.345395
3	3	0.250000
4	4	0.166667
5	5	0.000000
6	8	0.000000

代码如下：

```
train[["Parch", "Survived"]].groupby(["Parch"], as_index=False).mean().sort_values(by="Survived", ascending=False)
```

运行结果为：

	Parch	Survived
3	3	0.600000
1	1	0.550847
2	2	0.500000
0	0	0.343658
5	5	0.200000
4	4	0.000000
6	6	0.000000

可以看出，特征 SibSp 和 Parch 与 Survived 之间不具有线性相关性，而且，这二者对某些值具有零相关性。所以，最好从其中选出一个特性或一组特性来进行分析。

（4）分析特征 Age

年龄是连续数值型数据，这里使用直方图对其进行可视化分析。

代码如下：

```
import matplotlib.pyplot as plt
import seaborn as sns  # 引入 seaborn 绘图库

# 根据是否生还实例化 facetGrid 类，生成对象 g
g = sns.FacetGrid(train, col="Survived")
g.map(plt.hist, "Age", bins=20)
plt.show()
```

运行结果为：

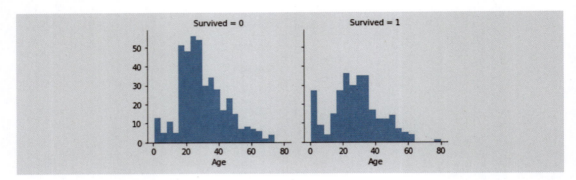

> seaborn 库在 matplotlib 的基础上进行了更高级的功能封装，从而使得作图更加容易，在大多数情况下使用 seaborn 库就能绘制极具有吸引力的图，而使用 matplotlib 库可以制作具有更多特色的图。所以，可以把 seaborn 库视为 matplotlib 库的补充，而非替代物。

可以得出如下结论。

- 婴儿的存活率更高。
- 最年长的乘客（80 岁）存活了下来。
- 大量的 15 至 25 岁的年轻人没有生还。
- 大多数乘客的年龄在 15 至 35 岁之间。
- 不同年龄段乘客的存活率不同，可以对年龄进行一个更细致的划分，以提高特征的精确度。

（5）分析特征 Fare

使用与分析年龄同样的方法来分析票价。

代码如下：

```python
import matplotlib.pyplot as plt
import seaborn as sns  # 引入 seaborn 绘图库

g = sns.FacetGrid(train, col="Survived")
g.map(plt.hist, "Fare", bins=20)
plt.show()
```

运行结果为：

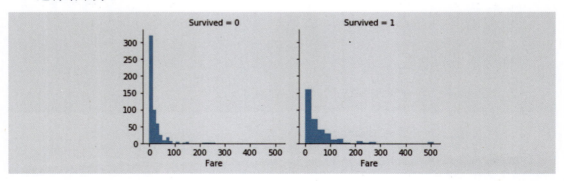

可以得出如下结论。
- 票价越低的乘客的存活率越低。
- 票价最高的乘客（500）存活了下来。
- 票价与存活率之间具有线性相关性，在随后的分析中，可以把连续型数值变量进行分组，进行更精细的划分。

在分析完单维度特征后，继续对数据进行多维度的分析。

（6）分析特征 Pclass 和 Age

代码如下：

```python
import matplotlib.pyplot as plt
import seaborn as sns  # 引入 seaborn 绘图库

g = sns.FacetGrid(train, col="Survived", row="Pclass", height=2.2, aspect=1.6)
g.map(plt.hist, "Age", bins=20)
g.add_legend()  # 添加图例
plt.show()
```

运行结果为：

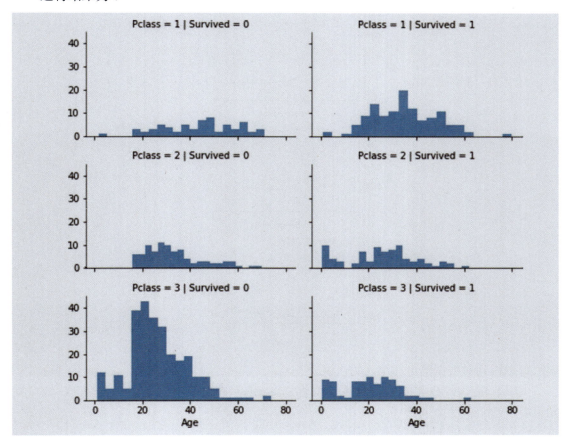

可以得出如下结论。
- 大多数乘客都在三等舱（Pclass=3），其中的大多数都没有幸存。
- 二等舱和三等舱的大多数婴儿都生还了。
- 头等舱的大多数乘客都生还了。

在分析完单维度特征后，继续对数据进行多维度的分析。

（7）分析特征 Pclass、Sex 和 Embarked

代码如下：

```python
import matplotlib.pyplot as plt
import seaborn as sns # 引入 seaborn 绘图库

g = sns.FacetGrid(train, row="Embarked", height=2.2, aspect=1.6)
g.map(sns.pointplot,"Pclass","Survived","Sex",palette="deep",order=None,hue_order=None)
g.add_legend() # 添加图例
plt.show()
```

运行结果为：

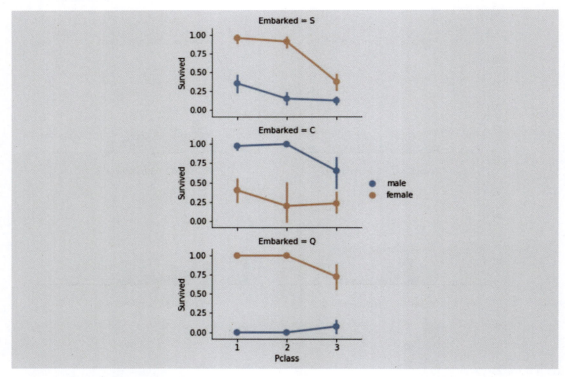

可以得到对数据集更加深入的认识。
- 在 S 港口和 Q 港口登船的人，女性（female）的存活率明显高于男性，C 港口则相反。
- 总体上，女性的存活率高于男性。

（8）分析特征 Fare、Sex 和 Embarked

代码如下：

```python
import matplotlib.pyplot as plt
import seaborn as sns  # 引入 seaborn 绘图库

g = sns.FacetGrid(train, row="Embarked", col="Survived", height=2.2, aspect=1.6)
g.map(sns.barplot,"Sex","Fare",order=None)
g.add_legend()  # 添加图例
plt.show()
```

运行结果为：

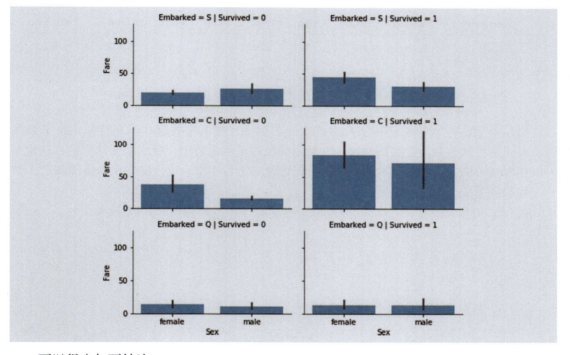

可以得出如下结论。
- 票价越高，生存率越高。
- 登船的港口与存活率有关。

对于多维度的数据探索，更多的是验证之前的一些想法与假设，以及对数据加深理解，但并不是不可或缺的，常常要依赖个人的经验。

3. 数据清洗

根据前面的数据探索与理解，可知特征 Name、Ticket 和 Cabin 与存活率关系不大，应当予以删除。

代码如下：

```
train = train.drop(["Name", "Ticket", "Cabin"], axis=1)
test = test.drop(["Name", "Ticket", "Cabin"], axis=1)
combine = [train, test]  # 合并训练集和测试集数据
```

接下来将包含字符串的特征值转化为数值，这是大多数算法模型所必须的，有助于预测目标的实现。先对性别特征进行转化，将女性设置为1，男性设置为0。

代码如下：

```
for data in combine:
    data["Sex"] = data["Sex"].map({"female":1,"male":0}).astype(int)
train.head(3)  # 打印训练集数据前三个样本
```

运行结果为：

	PassengerId	Survived	Pclass	Sex	Age	SibSp	Parch	Fare	Embarked
0	1	0	3	0	22.0	1	0	7.2500	S
1	2	1	1	1	38.0	1	0	71.2833	C
2	3	1	3	1	26.0	0	0	7.9250	S

可以看到，性别特征已从字符串修改成了数字。接下来处理、填充特征 Age 的缺失值，对于年龄这种数值类型的特征，一般习惯使用平均值或中位数来填充缺失值，这也是可以相对减小引入误差的一种填充方法。先通过如下六个组合进行缺失年龄值预测。

代码如下：

```
g = sns.FacetGrid(train, row="Sex", col="Pclass", height=2.2, aspect=1.6)
g.map(plt.hist, "Age", bins=20)
g.add_legend()  # 添加图例
plt.show()
```

运行结果为：

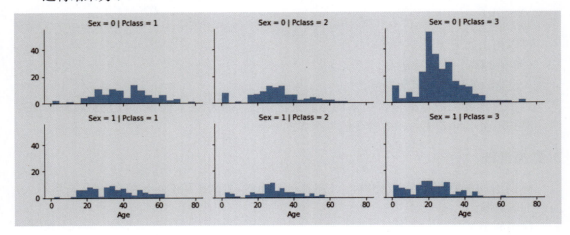

代码如下：

```python
import numpy as np

# 分为六组，每组（缺失）年龄使用中位数填充
ages = np.zeros((2, 3))
for data in combine:
    # 计算中位数
    for i in range(0, 2):
        for j in range(0, 3):
            notNull = data[(data.Sex==i) & (data.Pclass==j+1)].Age.dropna()
# 滤除年龄缺失样本
            ages[i, j] = int(notNull.median())

    # 填充缺失值
    for i in range(0, 2):
        for j in range(0, 3):
            data.loc[(data.Age.isnull()) & (data.Sex==i) & (data.Pclass==j+1), "Age"] = ages[i, j]

    data.Age = data.Age.astype(int)
```

代码如下：

```python
# 生成一个新特征：年龄带，将各个年龄段与存活率之间进行关联
train["AgeBand"] = pd.cut(train["Age"], 5)  # 按照年龄分割成 5 个离散区间
train[["AgeBand", "Survived"]].groupby(["AgeBand"], as_index=False).mean().sort_values(by="AgeBand")
```

运行结果为：

	AgeBand	Survived
0	(-0.08, 16.0]	0.550000
1	(16.0, 32.0]	0.337374
2	(32.0, 48.0]	0.412037
3	(48.0, 64.0]	0.434783
4	(64.0, 80.0]	0.090909

接下来将所有样本中的特征 Age 修改为年龄区间索引（从 0 到 4），然后将特征 AgeBand 删除。

代码如下：

```python
for data in combine:  # 将年龄修改为区间索引
    data.loc[data.Age<=16, "Age"] = 0
    data.loc[(data.Age>16) & (data.Age<=32), "Age"] = 1
    data.loc[(data.Age>32) & (data.Age<=48), "Age"] = 2
    data.loc[(data.Age>48) & (data.Age<=64), "Age"] = 3
    data.loc[data.Age>64, "Age"] = 4

train = train.drop(["AgeBand"], axis=1)  # 删除无用的特征 AgeBand
combine = [train, test]
train.head()
```

运行结果为：

	PassengerId	Survived	Pclass	Sex	Age	SibSp	Parch	Fare	Embarked
0	1	0	3	0	1	1	0	7.2500	S
1	2	1	1	1	2	1	0	71.2833	C
2	3	1	3	1	1	0	0	7.9250	S
3	4	1	1	1	2	1	0	53.1000	S
4	5	0	3	0	2	0	0	8.0500	S

接下来将特征 SibSp 和 Parch 合并为一个新特征 Family。

代码如下：

```python
for data in combine:
    data["Family"] = data["SibSp"]+data["Parch"]+1
train[["Family","Survived"]].groupby(["Family"],as_index=False).mean().sort_values(by="Survived", ascending=False)
```

运行结果为：

	Family	Survived
3	4	0.724138
2	3	0.578431
1	2	0.552795
6	7	0.333333
0	1	0.303538
4	5	0.200000
5	6	0.136364
7	8	0.000000
8	11	0.000000

可以看出特征 Family 对某些值具有零相关性。所以，再创建一个新特征 IsAlone，然后删除特征 SibSp、Parch 和 Family。

代码如下：

```
for data in combine:
    data["IsAlone"] = 0
    data.loc[data["Family"]==1, "IsAlone"] = 1
train[["IsAlone","Survived"]].groupby(["IsAlone"],as_index=False).mean()

train = train.drop(["SibSp","Parch","Family"], axis=1)
test = test.drop(["SibSp","Parch","Family"], axis=1)
combine = [train, test]
train.head()
```

运行结果为：

	PassengerId	Survived	Pclass	Sex	Age	Fare	Embarked	IsAlone
0	1	0	3	0	1	7.2500	S	0
1	2	1	1	1	2	71.2833	C	0
2	3	1	3	1	1	7.9250	S	1
3	4	1	1	1	2	53.1000	S	0
4	5	0	3	0	2	8.0500	S	1

在训练集数据中，特征 Embarked 有两个缺失值，这里使用众数（出现频率最高的特征值）对其进行填充。

代码如下：

```
# 计算特征 Embarked 的众数
mode = train.Embarked.dropna().mode()[0]

# 使用众数填充
for data in combine:
    data["Embarked"] = data["Embarked"].fillna(mode)
train[["Embarked","Survived"]].groupby(["Embarked"],as_index=False).mean().sort_values(by="Survived", ascending=False)
```

运行结果为：

	Embarked	Survived
0	C	0.553571
1	Q	0.389610
2	S	0.339009

接下来将特征 Embarked 中的各个值转换为数字表示，为模型的建立做好准备。
代码如下：

```
for data in combine:
    data["Embarked"] = data["Embarked"].map({"S":0,"C":1,"Q":2}).astype(int)
train.head()
```

运行结果为：

	PassengerId	Survived	Pclass	Sex	Age	Fare	Embarked	IsAlone
0	1	0	3	0	1	7.2500	S	0
1	2	1	1	1	2	71.2833	C	0
2	3	1	3	1	1	7.9250	S	1
3	4	1	1	1	2	53.1000	S	0
4	5	0	3	0	2	8.0500	S	1

观察上述数据，最后还剩下特征 Fare 需要进行数值化处理。首先用中位数对其进行填充，然后与特征 Age 的处理方法一样，对特征 Fare 进行分组，并将其值替换为分组索引值，使得分析更加明确。

代码如下：

```
# 使用中位数填充特征 Fare 的缺失值
test.Fare.fillna(test.Fare.dropna().median(), inplace=True)
test.head()

# 将特征 Fare 分为四组
train["FareBand"] = pd.qcut(train["Fare"], 4)  # 根据值频率来设置间隔（每个区间中数的数量相同）
train[["FareBand", "Survived"]].groupby(["FareBand"],as_index=False).mean().sort_values(by="FareBand")
```

运行结果为：

	FareBand	Survived
0	(-0.001, 7.91]	0.197309
1	(7.91, 14.454]	0.303571
2	(14.454, 31.0]	0.454955
3	(31.0, 512.329]	0.581081

代码如下：

```python
for data in combine: # 将票价修改为区间索引
    data.loc[data.Fare<=7.91, "Fare"] = 0
    data.loc[(data.Fare>7.91) & (data.Fare<=14.454), "Fare"] = 1
    data.loc[(data.Fare>14.454) & (data.Fare<=31), "Fare"] = 2
    data.loc[data.Fare>31, "Fare"] = 3
    data.Fare = data.Fare.astype(int)
train = train.drop(["FareBand"], axis=1)
combine = [train, test]
train.head()
```

运行结果为：

	PassengerId	Survived	Pclass	Sex	Age	Fare	Embarked	IsAlone
0	1	0	3	0	1	0	0	0
1	2	1	1	1	2	3	1	0
2	3	1	3	1	1	1	0	1
3	4	1	1	1	2	3	0	0
4	5	0	3	0	2	1	0	1

4. 数据建模

首先建立如下三个数据集。

❶ trainX：除训练集数据中特征 PassengerId 和 Survived 以外的所有特征，作为模型的因子（自变量）。

❷ trainY：训练集数据中的特征 Survived，即目标特征，作为模型的函数值（因变量），借助 trainX 与 trainY 建立模型。

❸ testX：除特征 PassengerId 以外的其他特征，通过 trainX 与 trainY 建立的模型，可以根据 testX 预测出测试集的生存率。

小贴士 因变量（Dependent Variable）也叫函数值，在函数关系式中，某些特定的数会随另一个（或另几个）数的变动而变动，故称为因变量。例如，$y=f(x)$，表示为 y 随 x 的变化而变化，其中 y 是因变量，x 是自变量。

代码如下：

```python
trainX = train.drop(["PassengerId","Survived"], axis=1)
trainY = train["Survived"]
testX = test.drop("PassengerId", axis=1).copy()
trainX.shape, trainY.shape, testX.shape
```

运行结果为：

```
((891, 6), (891,), (418, 6))
```

本挑战是一个分类预测的问题，针对分类预测问题的算法模型包括逻辑回归、K 近邻、支持向量机、感知机、朴素贝叶斯、线性 SVC、SGD 分类器、随机森林、决策树等。以支持向量机和感知机为例进行介绍。

代码如下：

```python
from sklearn.svm import SVC

# 建立"支持向量机"模型
model = SVC()
model.fit(trainX, trainY)
Y = model.predict(testX).astype(int)  # 预测
```

代码如下：

```python
from sklearn.linear_model import Perceptron

# 建立"感知机"模型
model = Perceptron()
model.fit(trainX, trainY)
Y = model.predict(testX).astype(int)  # 预测
```

5. 结果提交

最后将预测结果保存为 Kaggle 要求的格式，导出为 CSV 文件，并提交至 Kaggle 网站评测。评分如图 20-2 所示。

代码如下：

```python
submission = pd.DataFrame({"PassengerId":test["PassengerId"],"Survived":Y})  # 保存结果
submission.to_csv("titanic.csv", index=False)  # 导出为 CSV 文件
```

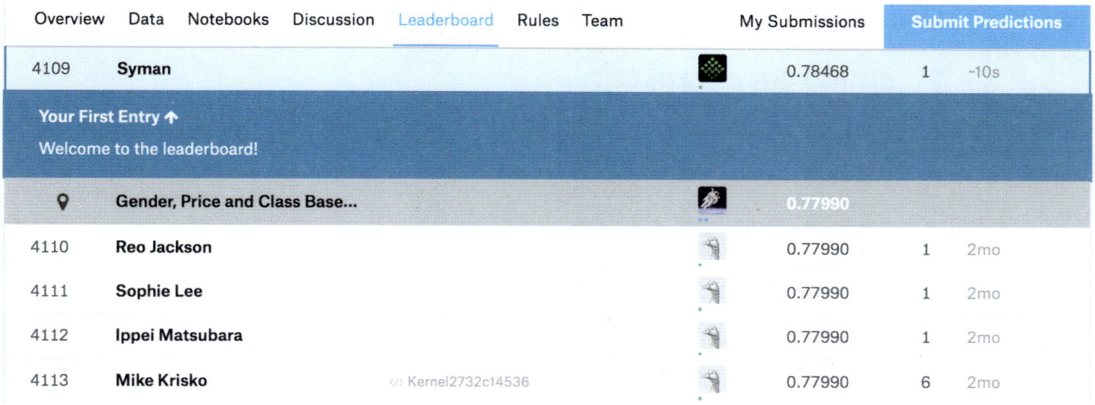

图 20-2 评分

提交结果的评分为 0.78468 分（1 分为满分），排名为 4109。有兴趣的读者可以继续尝试使用其他模型进行预测，并提交到 Kaggle 上，看看哪个模型的性能更加优异。在 Kaggle 实战中需要注意的是，要严格遵守竞赛数据中所提供的样例提交文件的格式。因为所有参赛选手所提交的文件，都会在网站后台由程序自动评估，稍不符合格式的提交文件都不会被评估程序接收，更不必说取得竞赛的名次。

20.3 小结

本次挑战中，作者通过"泰坦尼克号生还者预测"挑战，希望各位读者能够了解使用机器学习解决问题的基本步骤与技巧。对于初学者来说，因为没有机会接触到真实的机器学习项目，所以一些比赛平台往往是入门了解的不错的选择，如 Kaggle。

因为能力有限，本书代码无法帮助读者在 Kaggle 上取得理想的名次，但是我们由衷地希望这些代码可以起到"抛砖引玉"的作用，为读者今后更加出色的实战编程提供些许参考。

CHALLENGE 21 手写数字识别

21.1 挑战描述

数字识别（Digit Recognition）是指计算机从纸质文档、照片或其他来源接收、理解并识别数字的能力。根据数字产生方式的不同，数字识别问题可以分为手写数字识别、印刷数字识别、光学数字识别、自然场景数字识别等，具有很大的实际应用价值。例如，手写数字识别可以应用在银行汇款单号识别中，以极大地减少人工成本；印刷数字识别可以应用在邮政编码自动识别问题中；光学数字识别和自然场景数字识别可应用在车牌号识别问题中。

目前受到关注较多的主要是手写数字识别，MNIST 是一个经典的手写数字数据集，来自美国国家标准与技术研究所，由不同人手写的 0 至 9 的数字构成，数据集中涵盖 60000 个训练样本和 10000 个测试样本，每个样本的尺寸为 28×28 像素，以二进制格式存储，如图 21-1 所示。

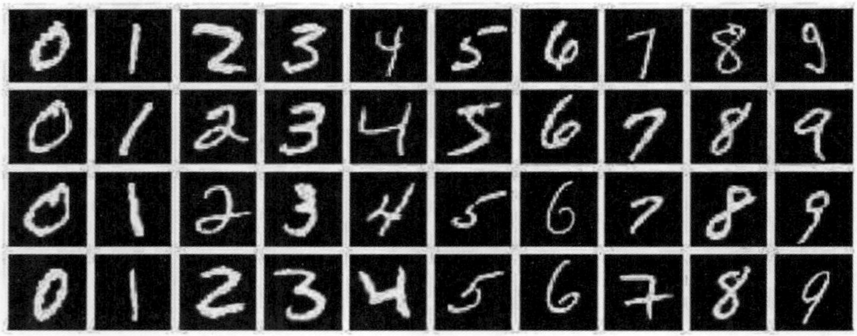

图 21-1 手写数字数据集样例

给定一份数据集，包含 3 个文件：digit_train.csv（训练集数据）、digit_test.csv（测试集数据）、digit__submission.csv（提交结果示例），可从 Kaggle 或本书配套网站下载。digit_train.csv 和 digit_test.csv 包含从 0 到 9 的手写数字的灰度图像。每幅图像高 28 像素，宽 28 像素，共 784 像素。每个像素都有一个与之相关联的像素值，指示该像素的明暗度，较高的数字较暗。像素值是介于 0 和 255 之间的整数（包括 0 和 255）。训练集数据共有 785 个特征（列），第一个特征为 label，是用户绘制的数字，其余特征为关联图像对应位置的像素值。每个像素特征名称格式为 pixel$x$，其中最后的 x 为 0 到 783 之间的整数（包括 0 和 783），可以将 x 拆解为 $x=i×28+j$，其中 i 和 j 分别为行、列索引，例如，pixel31 表示顶部第二行，左起第四列中的像素。

本挑战的主要任务是：输入一张手写数字的图像，然后识别图像中手写的是哪个数字。由于该挑战的目标明确、任务简单、数据集规范统一、数据量大小适中，在普通的计算机上也能训练和识别，所以一直受到机器学习领域学习者的喜爱，是入门人工智能的必备模型。

小贴士 我们可以将像素视为整个图像中不可分割的单位或是元素。不可分割的意思是它不能再切割成更小单位或元素，它是以一个单一颜色的小方格存在的。每个点阵图像包含了一定量的像素，这些像素决定了图像在屏幕上呈现的大小和颜色。

21.2 编程实现

请读者在 Anaconda 环境中，启动 JupyterLab 工具，新建一个 Notebook，并将文件名设置为"手写数字识别 .ipynb"，然后保存，接下来开始编写 Python 代码，示例代码及运行结果如下。

1. 数据获取

分别将训练集和测试集数据从本地读取。可以得到，训练集数据共有 42000 个样本和 785 个特征，测试集数据共有 28000 个样本和 784 个特征（相比训练集数据少了一个 label 特征）。

代码如下：

```python
import numpy as np
import pandas as pd

train = pd.read_csv("digit_train.csv")
test = pd.read_csv("digit_test.csv")

print(train.info())
print(test.info())
```

运行结果为：

```
<class 'pandas.core.frame.DataFrame'>
RangeIndex: 42000 entries, 0 to 41999
Columns: 785 entries, label to pixel783
dtypes: int64(785)
memory usage: 251.5 MB
None
<class 'pandas.core.frame.DataFrame'>
RangeIndex: 28000 entries, 0 to 27999
Columns: 784 entries, pixel0 to pixel783
dtypes: int64(784)
memory usage: 167.5 MB
None
```

2. 数据探索

（1）绘制数据集中图像

代码如下：

```python
import matplotlib.pyplot as plt

# 将训练集数据中的 label 和像素值分开
images = train.iloc[:,1:]
labels = train.iloc[:,0]

# 绘制训练集数据中前 10 个数字
plt.figure(figsize = (10, 5))
for i in range(0, 10):
    plt.subplot(2,5,i+1)
    # 将长度为 784 的向量数据转化为 28×28 的矩阵
    image = images.iloc[i].values.reshape(28, 28)
    plt.imshow(image) # 绘制图像
    plt.title("训练样本：" + str(i))

plt.rcParams["font.sans-serif"] = ["SimHei"] # 正常显示中文
plt.show() # 显示绘图
```

运行结果为：

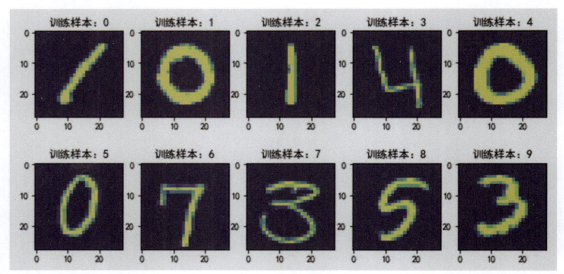

（2）用 PCA（Principal Component Analysis，主成分分析法）降维

由于训练集数据中有 784 个像素特征值，即 784 个维度，因此无法直观地看到数据的分布及其之间的关系。但是，实际起作用的维度可能比特征值的真实数量要

少得多，所以我们可以通过 PCA 法来降低数据集的维度，从而观察样本点之间的关系。

PCA 法是一种使用最广泛的数据降维算法。PCA 法的主要思想是将 n 维特征映射到 k 维上，这 k 维是全新的正交特征，也被称为主成分，是在原有 n 维特征的基础上重新构造出来的 k 维特征。也就是说，PCA 法在最大化保留数据差异的同时，实现对数据特征的降维处理。

首先需要进行特征预处理，以提高模型的拟合度和分类的精确度。

代码如下：

```python
from sklearn.preprocessing import MinMaxScaler
from sklearn.model_selection import train_test_split

# 特征预处理，将特征的值域规范化
X = MinMaxScaler().fit_transform(images.astype(np.float))
test = MinMaxScaler().fit_transform(test.astype(np.float))

# 分开训练集和测试集数据的自变量与因变量
trainX,testX,trainY,testY = train_test_split(X, labels, test_size=0.1, random_state=14)
```

然后找出使模型准确率最高的主成分个数，再进行建模。

代码如下：

```python
from time import time
from sklearn.decomposition import PCA
from sklearn import svm

allScores = []
# 生成主成分阈值的取值列表（等差数列）
nComponents = np.linspace(0.7,0.9,num=20,endpoint=False)

def getScore(n, trainX, testX, trainY, testY):
    ''' 当主成分阈值为 n 时，计算模型预测的准确率'''
    tStart = time()
    pca = PCA(n_components = n)
    pca.fit(trainX)
    tranXPCA = pca.transform(trainX)
    testXPCA = pca.transform(testX)
    # 使用支持向量机分类器
    clf = svm.SVC(gamma="auto")
```

```python
        clf.fit(tranXPCA, trainY)
        accuracy = clf.score(testXPCA, testY) # 计算准确率
        tEnd = time() # 计算耗时
        print("主成分阈值：{:.2f} ，准确率：{:.4f} ，耗时：{:.2f}秒。".format
(n,accuracy,tEnd-tStart))
        return accuracy

    for n in nComponents:
        score = getScore(n,trainX, testX, trainY, testY)
        allScores.append(score)
```

运行结果为：

```
主成分阈值：0.70 ，准确率：0.9750 ，耗时：28.78 秒。
主成分阈值：0.71 ，准确率：0.9757 ，耗时：25.51 秒。
主成分阈值：0.72 ，准确率：0.9769 ，耗时：23.77 秒。
主成分阈值：0.73 ，准确率：0.9760 ，耗时：24.42 秒。
主成分阈值：0.74 ，准确率：0.9776 ，耗时：24.63 秒。
主成分阈值：0.75 ，准确率：0.9781 ，耗时：27.43 秒。
主成分阈值：0.76 ，准确率：0.9781 ，耗时：26.52 秒。
主成分阈值：0.77 ，准确率：0.9781 ，耗时：26.32 秒。
主成分阈值：0.78 ，准确率：0.9783 ，耗时：28.75 秒。
主成分阈值：0.79 ，准确率：0.9776 ，耗时：31.04 秒。
主成分阈值：0.80 ，准确率：0.9779 ，耗时：30.55 秒。
主成分阈值：0.81 ，准确率：0.9771 ，耗时：32.14 秒。
主成分阈值：0.82 ，准确率：0.9774 ，耗时：29.15 秒。
主成分阈值：0.83 ，准确率：0.9769 ，耗时：33.63 秒。
主成分阈值：0.84 ，准确率：0.9755 ，耗时：33.31 秒。
主成分阈值：0.85 ，准确率：0.9748 ，耗时：44.82 秒。
主成分阈值：0.86 ，准确率：0.9748 ，耗时：38.18 秒。
主成分阈值：0.87 ，准确率：0.9729 ，耗时：37.07 秒。
主成分阈值：0.88 ，准确率：0.9721 ，耗时：37.34 秒。
主成分阈值：0.89 ，准确率：0.9717 ，耗时：40.59 秒。
```

代码如下：

```python
# 绘制出主成分和准确率的关系图
plt.plot(nComponents, allScores, "-o")
plt.xlabel("主成分阈值")
plt.ylabel("准确率")
plt.show()
```

运行结果为：

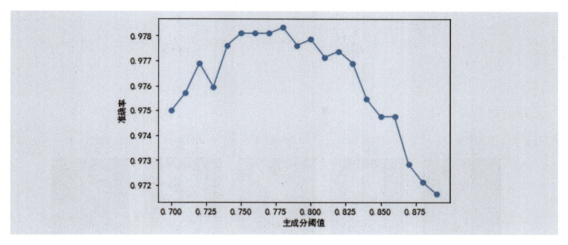

可以看出，当主成分阈值在 0.78 时，准确率最高。
（3）错误结果分析
接下来查看一下识别错误的数据，作为后面建模、调参工作的参考。
代码如下：

```
# 找出识别错误的数据
pca = PCA(n_components = 0.78)
pca.fit(trainX)
tranXPCA = pca.transform(trainX)
testXPCA = pca.transform(testX)


clf = svm.SVC(gamma="auto")
clf.fit(tranXPCA, trainY)
Y = clf.predict(testXPCA)

errors = (Y != testY)
YErrors = Y[errors]
testYErrors = testY[errors].values
testXErrors = testX[errors]
```

代码如下：

```
# 可视化识别错误的数据
n = 0
rows = 2
cols = 5

fig, ax = plt.subplots(rows,cols,figsize=(10,6))
for row in range(rows):
    for col in range(cols):
```

```
            ax[row,col].imshow((testXErrors[n]).reshape((28,28)))
            ax[row,col].set_title("识别值：{}\n实际值：{}".format(YErrors[n],
testYErrors[n]))
            n += 1
```

运行结果为：

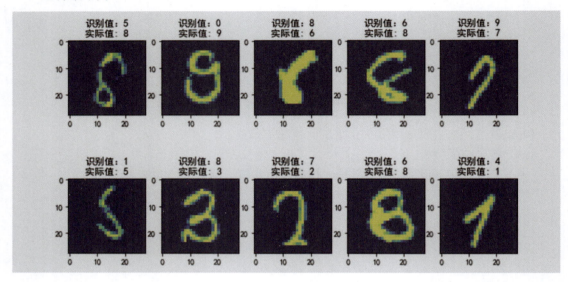

3. 数据建模

使用网格搜索，自动选出使模型准确率最高的参数，再进行训练和预测。从上面数据探索中得到，当主成分阈值为 0.78 时，模型准确率最高，据此对数据集用 PCA 法降维处理。

代码如下：

```
pca = PCA(n_components=0.78)
pca.fit(X)
print(f"降维后的主成分数为：{pca.n_components_}")
# 对训练集和测试集数据进行主成分转换
X = pca.transform(X)
test = pca.transform(test)
```

运行结果为：

降维后的主成分数为：39

代码如下：

```
from sklearn.model_selection import GridSearchCV
```

手写数字识别

```python
# 使用支持向量机预测，使用网格搜索进行调参
clfSVC = GridSearchCV(estimator=svm.SVC(gamma="auto"),param_grid={"C":[1,2,4,5],"kernel":["linear","rbf","sigmoid"]},cv=5,verbose=2)
# 训练算法
clfSVC.fit(X, labels)
print(f"使模型准确率最高的参数：{clfSVC.best_params_}")
# 预测
Y = clfSVC.predict(test)
imageID = pd.Series(range(1, len(Y)+1))
print("处理完毕。")
```

运行结果为：

```
Fitting 5 folds for each of 12 candidates, totalling 60 fits
[CV] C=1, kernel=linear ..............................................
[Parallel(n_jobs=1)]: Using backend SequentialBackend with 1 concurrent workers.
[CV] .................... C=1, kernel=linear, total=  21.1s
[CV] C=1, kernel=linear ..............................................
[Parallel(n_jobs=1)]: Done   1 out of   1 | elapsed:   31.1s remaining:    0.0s
[CV] .................... C=1, kernel=linear, total=  20.3s
[CV] C=1, kernel=linear ..............................................
[CV] .................... C=1, kernel=linear, total=  19.8
[CV] C=1, kernel=linear ..............................................
[CV] .................... C=1, kernel=linear, total=  20.2s
[CV] C=1, kernel=linear ..............................................
[CV] .................... C=1, kernel=linear, total=  20.2s
[CV] C=1, kernel=rbf .................................................
[CV] ....................... C=1, kernel=rbf, total=  17.2s
[CV] C=1, kernel=rbf .................................................
[CV] ....................... C=1, kernel=rbf, total=  17.9s
[CV] C=1, kernel=rbf .................................................
[CV] ....................... C=1, kernel=rbf, total=  17.4s
[CV] C=1, kernel=rbf .................................................
[CV] ....................... C=1, kernel=rbf, total=  17.7s
[CV] C=1, kernel=rbf .................................................
[CV] ....................... C=1, kernel=rbf, total=  19.5s
[CV] C=1, kernel=sigmoid .............................................
[CV] ................... C=1, kernel=sigmoid, total=  24.4s
[CV] C=1, kernel=sigmoid .............................................
[CV] ................... C=1, kernel=sigmoid, total=  23.9s
[CV] C=1, kernel=sigmoid .............................................
[CV] ................... C=1, kernel=sigmoid, total=  23.6s
```

```
[CV] C=1, kernel=sigmoid ................................................
[CV] ......................... C=1, kernel=sigmoid, total=  23.5s
[CV] C=1, kernel=sigmoid ................................................
[CV] ......................... C=1, kernel=sigmoid, total=  27.9s
[CV] C=2, kernel=linear .................................................
[CV] .......................... C=2, kernel=linear, total=  27.7s
[CV] C=2, kernel=linear .................................................
[CV] .......................... C=2, kernel=linear, total=  28.8s
[CV] C=2, kernel=linear .................................................
[CV] .......................... C=2, kernel=linear, total=  27.1s
[CV] C=2, kernel=linear .................................................
[CV] .......................... C=2, kernel=linear, total=  27.9s
[CV] C=2, kernel=linear .................................................
[CV] .......................... C=2, kernel=linear, total=  27.7s
[CV] C=2, kernel=rbf ....................................................
[CV] ............................. C=2, kernel=rbf, total=  16.2s
[CV] C=2, kernel=rbf ....................................................
[CV] ............................. C=2, kernel=rbf, total=  15.9s
[CV] C=2, kernel=rbf ....................................................
[CV] ............................. C=2, kernel=rbf, total=  15.7s
[CV] C=2, kernel=rbf ....................................................
[CV] ............................. C=2, kernel=rbf, total=  16.0s
[CV] C=2, kernel=rbf ....................................................
[CV] ............................. C=2, kernel=rbf, total=  15.8s
[CV] C=2, kernel=sigmoid ................................................
[CV] ......................... C=2, kernel=sigmoid, total=  21.9s
[CV] C=2, kernel=sigmoid ................................................
[CV] ......................... C=2, kernel=sigmoid, total=  21.1s
[CV] C=2, kernel=sigmoid ................................................
[CV] ......................... C=2, kernel=sigmoid, total=  21.4s
[CV] C=2, kernel=sigmoid ................................................
[CV] ......................... C=2, kernel=sigmoid, total=  21.8s
[CV] C=2, kernel=sigmoid ................................................
[CV] ......................... C=2, kernel=sigmoid, total=  22.6s
[CV] C=4, kernel=linear .................................................
[CV] .......................... C=4, kernel=linear, total=  41.0s
[CV] C=4, kernel=linear .................................................
[CV] .......................... C=4, kernel=linear, total=  41.7s
[CV] C=4, kernel=linear .................................................
[CV] .......................... C=4, kernel=linear, total=  40.5s
[CV] C=4, kernel=linear .................................................
[CV] .......................... C=4, kernel=linear, total=  40.9s
[CV] C=4, kernel=linear .................................................
[CV] .......................... C=4, kernel=linear, total=  40.6s
```

```
[CV] C=4, kernel=rbf .................................................
[CV] ........................ C=4, kernel=rbf, total=   15.2s
[CV] C=4, kernel=rbf .................................................
[CV] ........................ C=4, kernel=rbf, total=   16.5s
[CV] C=4, kernel=rbf .................................................
[CV] ........................ C=4, kernel=rbf, total=   15.1s
[CV] C=4, kernel=rbf .................................................
[CV] ........................ C=4, kernel=rbf, total=   15.3s
[CV] C=4, kernel=rbf .................................................
[CV] ........................ C=4, kernel=rbf, total=   15.3s
[CV] C=4, kernel=sigmoid .............................................
[CV] .................... C=4, kernel=sigmoid, total=   20.5s
[CV] C=4, kernel=sigmoid .............................................
[CV] .................... C=4, kernel=sigmoid, total=   20.7s
[CV] C=4, kernel=sigmoid .............................................
[CV] .................... C=4, kernel=sigmoid, total=   20.5s
[CV] C=4, kernel=sigmoid .............................................
[CV] .................... C=4, kernel=sigmoid, total=   20.3s
[CV] C=4, kernel=sigmoid .............................................
[CV] .................... C=4, kernel=sigmoid, total=   20.5s
[CV] C=5, kernel=linear ..............................................
[CV] ..................... C=5, kernel=linear, total=   46.8s
[CV] C=5, kernel=linear ..............................................
[CV] ..................... C=5, kernel=linear, total=   49.3s
[CV] C=5, kernel=linear ..............................................
[CV] ..................... C=5, kernel=linear, total=   55.4s
[CV] C=5, kernel=linear ..............................................
[CV] ..................... C=5, kernel=linear, total=   59.6s
[CV] C=5, kernel=linear ..............................................
[CV] ..................... C=5, kernel=linear, total=   51.5s
[CV] C=5, kernel=rbf .................................................
[CV] ........................ C=5, kernel=rbf, total=   15.8s
[CV] C=5, kernel=rbf .................................................
[CV] ........................ C=5, kernel=rbf, total=   15.3s
[CV] C=5, kernel=rbf .................................................
[CV] ........................ C=5, kernel=rbf, total=   15.3s
[CV] C=5, kernel=rbf .................................................
[CV] ........................ C=5, kernel=rbf, total=   15.2s
[CV] C=5, kernel=rbf .................................................
[CV] ........................ C=5, kernel=rbf, total=   15.4s
[CV] C=5, kernel=sigmoid .............................................
[CV] .................... C=5, kernel=sigmoid, total=   20.5s
[CV] C=5, kernel=sigmoid .............................................
```

```
[CV] ......................... C=5, kernel=sigmoid, total=  20.0s
[CV] C=5, kernel=sigmoid ...........................................
[CV] ......................... C=5, kernel=sigmoid, total=  20.7s
[CV] C=5, kernel=sigmoid ...........................................
[CV] ......................... C=5, kernel=sigmoid, total=  20.4s
[CV] C=5, kernel=sigmoid ...........................................
[CV] ......................... C=5, kernel=sigmoid, total=  21.5s
[Parallel(n_jobs=1)]: Done  60 out of  60 | elapsed: 69.6min finished
使模型准确率最高的参数：{'C': 5, 'kernel': 'rbf'}
处理完毕。
```

4. 结果提交

程序处理需要 1 小时左右，最后将预测结果保存为 Kaggle 要求的格式，导出为 CSV 文件，并提交至 Kaggle 网站评测，识别的准确率是 98.171%，评测界面如图 21-2 所示。

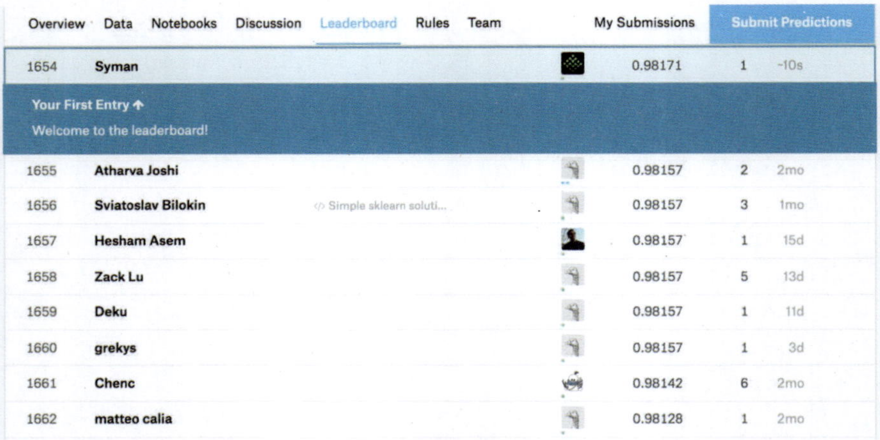

图 21-2　评测界面

代码如下：

```
result = pd.DataFrame({"ImageID":imageID, "Label":Y}) # 保存结果
result.to_csv("digit.csv", index=False) # 导出为 CSV 文件
```

21.3　小结

本次挑战中，作者通过"手写数字识别"挑战，希望各位读者能够了解图像相关机器学习的基本步骤与技巧。不同于之前与文本分析相关的挑战，本挑战主要关注对数字图像的识别，并且在数据规模和图片分辨率上，也远远高于 sklearn 库中集成的数据。